现代成衣设计与实训

MODERN STORE CLOTHING DESIGN AND PRACTICE TRAINING

编著 黄世明 余云娟

北方联合出版传媒（集团）股份有限公司
辽宁美术出版社

图书在版编目（CIP）数据

现代成衣设计与实训/黄世明等编著.
—沈阳：北方联合出版传媒（集团）股份有限公司
辽宁美术出版社，2009.8
ISBN 978-7-5314-4404-6

Ⅰ.现… Ⅱ.黄… Ⅲ.服装-设计 Ⅳ.TS941.2

中国版本图书馆CIP数据核字（2009）第137361号

出版发行
北方联合出版传媒（集团）股份有限公司
辽宁美术出版社

地址 沈阳市和平区民族北街29号 邮编：110001
邮箱 lnmscbs@163.com
网址 http://www.lnpgc.com.cn
电话 024-83833008

封面设计 范文南
版式设计 彭伟哲 薛冰焰 吴 烨 高 桐

经 销
全国新华书店

印刷
沈阳美程在线印刷有限公司

责任编辑 方 伟 李 彤
技术编辑 徐 杰 霍 磊
责任校对 张亚迪
版次 2009年8月第1版 2009年8月第1次印刷
开本 889mm×1194mm 1/16
印张 8.5
字数 50千字
书号 ISBN 978-7-5314-4404-6
定价 54.00元

图书如有印装质量问题请与出版部联系调换
出版部电话 024-23835227

21世纪中国高职高专美术·艺术设计专业精品课程规划教材

序 >>

当我们把美术院校所进行的美术教育当做当代文化景观的一部分时，就不难发现，美术教育如果也能呈现或继续保持良性发展的话，则非要“约束”和“开放”并行不可。所谓约束，指的是从经典出发再造经典，而不是一味地兼收并蓄；开放，则意味着学习研究所必须具备的眼界和姿态。这看似矛盾的两面，其实一起推动着我们的美术教育向着良性和深入演化发展。这里，我们所说的美术教育其实有两个方面的含义：其一，技能的承袭和创造，这可以说是我国现有的教育体制和教学内容的主要部分；其二，则是建立在美学意义上对所谓艺术人生的把握和度量，在学习艺术的规律性技能的同时获得思维的解放，在思维解放的同时求得空前的创造力。由于众所周知的原因，我们的教育往往以前者为主，这并没有错，只是我们更需要做的一方面是将技能性课程进行系统化、当代化的转换；另一方面需要将艺术思维、设计理念等这些由“虚”而“实”体现艺术教育的精髓的东西，融入我们的日常教学和艺术体验之中。

在本套丛书实施以前，出于对美术教育和学生负责的考虑，我们做了一些调查，从中发现，那些内容简单、资料匮乏的图书与少量新颖但专业却难成系统的图书共同占据了学生的阅读视野。而且有意思的是，同一个教师在同一个专业所上的同一门课中，所选用的教材也是五花八门、良莠不齐，由于教师的教学意图难以通过书面教材得以彻底贯彻，因而直接影响到教学质量。

学生的审美和艺术观还没有成熟，再加上缺少统一的专业教材引导，上述情况就很难避免。正是在这个背景下，我们在坚持遵循中国传统基础教育与内涵和训练好扎实绘画（当然也包括设计摄影）基本功的同时，向国外先进国家学习借鉴科学的并且灵活的教学方法、教学理念以及对专业学科深入而精微的研究态度，辽宁美术出版社同全国各院校组织专家学者和富有教学经验的精英教师联合编撰出版了《21世纪中国高职高专美术·艺术设计专业精品课程规划教材》。教材是无度当中的“度”，也是各位专家长年艺术实践和教学经验所凝聚而成的“闪光点”，从这个“点”出发，相信受益者可以到达他们想要抵达的地方。规范性、专业性、前瞻性的教材能起到指路的作用，能使使用者不浪费精力，直取所需要的艺术核心。从这个意义上说，这套教材在国内还是具有填补空白的意义。

21世纪中国高职高专美术·艺术设计专业精品课程规划教材系列丛书编委会

目录 contents

第一章 成衣与成衣的类型

本章重点

本章重点介绍成衣概念及成衣产品的类型，成衣的设计因素及成衣设计图的特点，使学生对成衣及成衣设计有初步的了解。

学习目标

通过本章的学习，了解和掌握成衣设计、成衣产品、成衣设计图的特点。

建议学时

6学时。

第一章 成衣与成衣的类型

第一节 成衣

成衣是近代在服装产业中强调服装产品生产过程出现的一个专业概念，指对应某个消费群体，按照一定规格、号型标准进行批量生产的，满足消费者即买即穿的系列化服装成品。是相对于量体定制自制的衣服而出现的一个概念，是尽可能地让消费者即时穿着的服装。它是近代工业化文明的不断进步及人们生活方式的改变而出现的服装形式。目前，在商场、专卖店、服装连锁店出售的服装都是成衣。

成衣按市场定位与消费取向的差别，可以将其分为高级成衣、品牌成衣和普通成衣三种。

一、高级成衣

是面对追求高品位着装需求的高消费群体而设计生产的成衣，是小批量工业化生产加工的高级时装。高级成衣具有款式时尚独特、生产精工细作、面料高档、服装华贵的特点。

二、品牌成衣

是服装品牌公司根据大多数中等收入以上阶层的消费群体进行定位生产的成衣。此类成衣的服装风格定位清晰，是时尚流行市场的主流，由于风格多样、做工精致、规格齐全、价格适度而受到大多数消费群体的欢迎。

三、普通成衣

普通成衣是指人们日常生活中经常穿用到的服装，如普通西装、西裤、衬衫、针织内衣和内裤等。普通成衣物美价廉，能满足大部分消费群体的需求，市场需求数量很大。普通成衣款式变化不大，设计要求低，可以实现大批量工业化生产。

成衣设计：成衣设计就是以一定的消费群体为对象，以服装材料做载体，运用一定的美学规律，利用相关的素材与手段，通过设计构思表达出符合产品定位要求的，又符合时代特征的，符合消费者需求的，完成能够进行工业化生产的设计方案。成衣设计注重产品的实用性、审美性和经济性，注重创造性与市场性的结合；同时成衣设计也注重时尚性，是在创新与市场之间寻找平衡点的设计。

第二节 成衣的类型

1.男装 men's wear：成年男子穿着的服装。

2.女装 women's wear：成年女子穿着的服装。

3.童装 children's wear：儿童穿着的服装。包括婴儿服装、幼儿服装、小童服装、中童服装、大童服装等。

4.西服 Western-style clothes：又称西装，即西式上衣的一种形式。按钉纽扣的左右排数不同，可分为单排扣西服和双排扣西服；按照上下粒数的不同，分为一粒扣西服、两粒扣西服、三粒扣西服等。粒数与排数可以有不同的组合，如单排两粒扣西服、双排三粒扣西服等；按照驳头造型的不同，可分为平驳头西服、枪驳头西服、青果领西服等。西服已成为国际通行的男士礼服，现已融入一些时尚因素，演变出其他风格的非正装的休闲西服等。

5.背心 vest：也称为马甲，是一种无领无袖且较短的上衣。着装可以使胸部保温，且双手活动自如。一般是穿在衬衣之外，也可以穿在外套之内。主要有西服马甲、棉背心、羽绒背心及毛线背心等。

6.牛仔服 cowboy's clothes：原为美国人在开发西部、黄金热时期所穿着的一种用帆布制作的上衣。后通过影视宣传及名人效应，发展成为日常生活穿用的服装。牛仔服具有坚固耐用、休闲粗犷、自然质朴而不失高贵等特点，现已成为全球性的代表服装。其面料多用坚固呢制作，款式已发展到牛仔夹克、牛仔裤、牛仔衬衫、牛仔背心、牛仔西服装、牛仔马甲裙、牛仔童装等各种款式。

7.职业服 professional garments：职业服是行业人员从业时按规定穿着的专用服装。其目的是为展示整体形象需要，满足工作要求，具有实用性、标识性、美观性、配套性的特点。职业服可以分为三大类：一是职业标识服，如校服、铁路服、海关服、民航服等；二是劳保服，指在工作时提供工作便利和防护身体的服装。如潜水服、矿工服、炼钢服、养路工作服、消防队员服等；三是职业时装，指都市中的“白领阶层”所穿着的非统一性的，具有时尚感职业套装。

8.夹克 jacket：夹克是英文的译音，有短小之意。指衣长较短、胸围宽松、收袖口克夫及下摆克夫式样的上衣。

9.猎装 hunting wear：原本是适合打猎时所穿的服装，具有防露水和子弹袋收腰等结构。现已发展成为日常生活穿着的缉明线多口袋、背开衩样式的上衣。猎装有短袖和长袖之分，又有夏装与春秋装之别。

10.衬衫 shirt：有两种基本的款型，一是作为内穿配西装的传统衬衫。特点是袖窿较小便于穿着外套；二是外穿的休闲衬衫，袖窿比较大便于活动，花色繁多。

11.棉袄 cotton padded coat：凡是内絮棉花、腈纶棉、太空棉、驼毛等保温材料的上衣均称为棉袄。棉袄有中式棉袄和西式棉袄之分。

12.羽绒服 down coat：内充羽绒填料的上衣。因其保温性较强，多为寒冷地区的人们穿着。羽绒服外形圆润饱满，造型相对简单。

13.背心裙 Jumper skirt：指上半身连有无领无袖背心结构的裙装。这种造型多为具有校园服装的特点。

14.斜裙 bias skirt：指从腰部到下摆斜向展开成“A”字形的裙子。

15.鱼尾裙 fish tail skirt：指裙体呈鱼尾状的裙子。腰部、臀部及大腿中部呈合体造型，往下逐步放开下摆展成鱼尾状。鱼尾裙多采用六片以上的结构形式，如六片鱼尾裙、八片鱼尾裙及十二片鱼尾裙等。

16.超短裙 miniskirt：又称迷你裙。这是一种长度在大腿中部及以上的短裙。它只是在长短上做出界定的一种裙形。其造型可为紧身型、喇叭型或打褶裙型等。

17.褶裙：指在裙腰处打褶的裙子。根据褶子的设计不同可分为碎褶裙和有规则的褶裙。褶子可多可少，可成对褶或顺风褶等造型。

18.节裙：又称塔裙。指裙体以多层次的横向裁片抽褶相连，外形如塔状的裙子。根据塔的层面分布，可分为规则塔裙和不规则塔裙。

19.筒裙 barrel skirt，tube skirt：又称统裙、直裙或直统裙。其造型特点是从合体的臀部开始，侧缝自然垂落呈筒、管状。

20.旗袍裙 cheongsam skirt，hobble skirt，slim skirt：旗袍裙子，窄底裙，苗条裙子。通常左右侧缝开衩。由于它保留了旗袍修长合体的造型风格，一般裙长在膝盖以下，下摆微收，开衩长度以满足基本的腿部活动量为准。

21.西服裙 tailored skirt：又称西装裙。它通常与西服上衣或衬衣配套穿着。在裁剪结构上，常采用收盛打褶等方法使腰臀部合体，长度在膝盖上下变动，为便于活动多在前、后打褶或开衩。

22.西裤 trousers：主要指与西装上衣配套穿着的

裤子。由于西裤主要在办公室及社交场合穿着，所以在要求舒适自然的前提下，在造型上比较注意与形体的协调。西裤在生产工艺及造型上基本已国际化和规范化。

23.背带裤 bib pants：裤腰上装有跨肩背带的裤子。西裤中的背带裤仅为两根跨带相连，而在工装裤及现代时装中多有前胸补块。

24.马裤 riding breeches：指骑马时穿着的裤子。马术运动员的整体装束已在国际上成为固定风格，由于骑马时功能的需要，其裤裆及大腿部位非常宽松，而在膝下及裤腿处逐步收紧，形成一种特殊的轮廓外形。

25.灯笼裤 knickerbockers，knickers：指裤管直筒宽大、裤脚口收紧、外形似灯笼状的一种裤子。从设计上可以看做是一种“仿物造型”及“仿物取名”。灯笼裤轻松舒适，多为休闲时穿着。

26.裙裤：像裤子一样具有下裆，裤下口放宽，外观形似裙子，是裤子与裙子的一种结合体。它保留了裤子的优点，如便于骑车等，又具有裙子的飘逸浪漫和女性化。

27.连衣裤 overalls：指上衣与裤子连为一体的服装。由于它上下相连，对人体的密封性较强，多为特种工种的劳保服所选用。也有将帽子与鞋袜连在一起的连体裤，其密封性更强。

28.喇叭裤 bell-bottom pants：指裤腿成喇叭形的西裤。在结构设计方面，是在西裤的基础上，立裆稍短，臀围放松量适当减小，使臀部及中裆（膝盖附近）部位合身合体，从膝盖下根据需要放大裤口。按裤口放大的程度分为大喇叭裤和小喇叭裤及微型喇叭裤。喇叭裤的长度多为覆盖鞋面的长度。

29.连衣裙 one-piece dress：上衣与下裙连成单体的一件式服装。连衣裙款式变化丰富、种类繁多、是受女性青睐的款式。在连衣裙上衣和裙体部位进行轮廓、腰节位置、内部结构及装饰的设计，可以设计出多种风格的款式。

30.大衣 overcoat：指为了防风御寒，上下连为一体，穿在一般衣服外面的长外衣。根据长短可以分为短大衣、中长大衣和长大衣。根据服装面料的不同，其主要品种有毛呢大衣、棉大衣、羽绒大衣、裘皮大衣、皮革大衣、人造毛皮大衣等。

31.披风 mantle：无袖、颈部系带，披在肩上的防风外衣。

32.睡衣裤 sleepwear：指包括上衣和裤子两件式配套穿着的睡衣。

33.套装 suit：指上下装配套穿着的服装。通常由同种同色面料制作，使上下成为格调一致的造型。在职业场所多选用这种穿着方式。

34.泳衣 swimwear：游泳时穿着的服装，现代泳装无论从色彩、式样、质料几方面都超越以往，形成了多色彩、多式样、高质量的泳装新潮流。一般多采用遇水不松垂、不鼓胀的纺织品制成。

35.针织衣 knitwear：针织衣是指以线圈为基本单元，按一定的组织结构排列成形的面料制成的服装。针织衣大都是以棉和化纤棉纱为原料，其特点是柔软、有弹性、透气、吸汗、穿着舒适，如运动服和内衣等。

36.内衣 underwear：有家居内衣、上班内衣、晚装内衣、运动内衣等。

第三节 成衣的设计因素

一、定位因素

设计定位要符合企业的经营和产品定位，每个企业都有不同的定位，不同的产品也有不同的消费对象，消费对象的区别有不同国家、不同地域、不同性别和年龄、不同消费层次等，这些都是定位的因素。明确产品的定位，可以使成衣设计的款式、色彩、面料、工艺和装饰更有针对性。

二、价格因素

每个企业或公司都有其产品档次的定位，这些定位是在设计中必须考虑的问题，设计涉及到的材料、生产都限制了设计的发挥。成衣的特点注定使设计的产品要在一定的价格空间内进行，即使是不同档次的成衣也有相应的价格定位，如果设计的产品所应用的材料以及生产、管理、流通、营销的成本超出了定位的成本价格，就不符合企业经营的原则。

三、流行因素

虽然说成衣是大众的消费品，但同时也具有主流时尚和流行的特征，也具有不同消费群体对个性风格的需求。在明确自己的产品定位后，还要与市场的动向相结合，分析主流服装和流行服装的设计要素点，提炼可以应用的设计元素与新产品的设计相结合，使设计跟上时代的要求。如果脱离了市场和消费者的设计，产品也就变成不了商品。了解市场动向，除了包括主流及流行服装的市场信息，还应包括服装材料的市场行情等。

四、生产因素

在设计中充分考虑面料的选用及加工后对设计的影响、设计中服装结构及部件等对制板的影响、装饰的工艺实现性、服装批量生产的可行性、设计的产品具有高效生产的可行性等。

第四节 ///// 成衣设计图

成衣设计图一般是以体现服装的结构关系的形式进行表现的，也叫产品设计图，是服装品牌、服装企业最常用的设计稿类型。产品设计图作用的对象是企业的设计部门、技术部门及公司的客户，不同于服装效果图或其他的艺术创作作品，即它不是用来展示的，也不是用来欣赏的，而是用于解决服装生产的技术问题，为客户定款和下一个工序打板服务的，所以，成衣设计图与服装效果图不同，不用画出逼真的着装状态和人体动态（图1-1、图1-2）。

产品设计图首先要能准确表达服装款式的造型特点，其中包括外形及局部造型的比例等，不能像效果图一样夸张服装的比例。一款服装的设计要有正面图和背面图，是以平展、平视观念为主的画法，只表现服装平面展开的形态，不表现透视近大远小的关系，不表现转折，表达的线条清晰准确，不能像画素描一样有太多的衣纹特征，但也不要画得过于呆板。款式的表现一般要求左右对称，袖子可以有转折的表达。

设计结构图的重要特点还在于表现服装的工艺特点，如折边、抽褶、活褶、省道、结构线、拷边、小荷边、缉线等；还要表达一些面料特征，如罗纹口的肌理、针织面料的肌理等；对于一些工艺特点和技术生产细节要用文字进行注解说明，对于要装饰的图案和纹样也要进行技术处理的说明，在款式图旁还要进行尺寸、号型的标注。

产品设计结构图要求设计师对服装的结构、工艺技术、生产程序、生产要求都要掌握和了解，以便把设计图交给板师时，可以确保服装设计的风格精确表达。

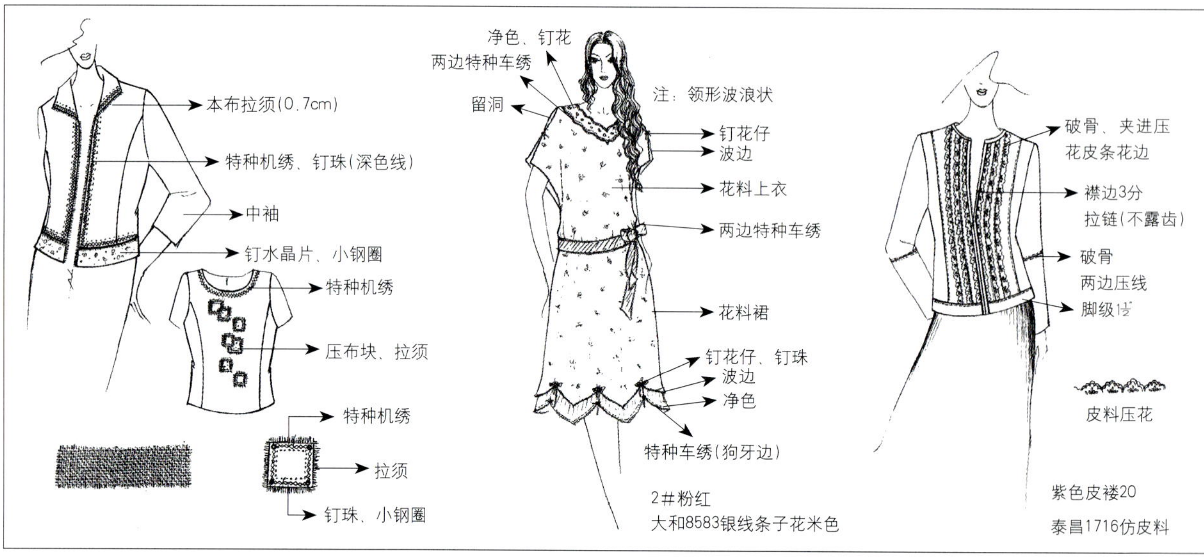

图1-1 成衣设计手稿图例 莫键飞

图1-2
成衣电脑设计图例
莫键飞

第二章　设计的基础训练

本章重点

本章内容重点介绍设计的基本方法，使学生了解和掌握以素材进行的基础设计及成衣主要的设计方法。

学习目标

通过本章的学习，使学生能运用各种基本素材进行设计的拓展，能掌握设计的基本方法，为成衣设计打下基础。

建议学时

16学时。

第二章　设计的基础训练

第一节 ///// 以素材进行基础设计训练

成衣一方面具有批量生产的工业化产品的特征，另一方面也具有迎合和引导消费者的个性化创新的设计特点，所以进行成衣设计，除了使成衣符合市场化的要求之外，还应该使成衣具有一定的创新设计能力。从生活中提取设计素材，使其设计有依有据，是进行创新设计的一种重要方法，也使服装的设计充满更多的灵感来源（图2-1）。

设计灵感的产生，来源于人们对生活的认识及感受，生活中几乎所有的素材中，如交通工具、道路、景色、建筑、庙宇、花、鸟、水果、电影、杂志、图书等，都可以启发设计。设计的创新，有从服装历史中受到启示的，也有从项链、耳环、皮带或布料本身的独特风格中产生联想。当然，由素材产生灵感设计出来的服装必须结合服装的实用功能进行考虑，如果缺乏功能性，即便是独特创新的设计，那也是脱离市场和消费者的设计。

图2-1　以素材为设计点

一、从生活素材中启发设计

我们对事物的认识表现在事物的形、体、色、量的感觉上，这些都可以进行利用为设计服务。当我们观察到某一事物产生兴趣和联想，就会对其有借鉴地运用到设计中的感觉，这就是素材对设计的作用。

生活中的视觉景物，在我们看来很平常，但正因为平常才容易被我们所忽略，只要认真观察，很多平常生活中的情景、事物会发现其存在的美感要素，对这些要素进行分析、提炼、整理，就可以为我们的设计提供思路。

如森林与山川的景象，其森林的形状和层次的变化可以启发设计服装面料的再造肌理，山川的起伏和层叠可以启发服装内部结构曲线的层次变化。每一个自然界的景象都有其特点，只要加以分析就可以运用

图2-2　以素材为设计点

图2-3　以素材为设计点

图2-4　以素材为设计点

到服装的款型、结构、色彩及内部变化的设计中。而且不同的景象素材应用到服装设计，可以使服装具有自然界或生活现象元素，使服装本身更具人文和自然内涵，服装设计所表达的概念更深刻。

二、从艺术作品素材中启发设计

美术作品中主题形象的表达手法、线条与色彩的表现，雕塑作品中的主题形象的造型手法，摄影作品的构图以及对光线的运用，音乐作品的旋律和调子，舞蹈作品的动感与节奏，文学作品的主题思想，这些都为服装设计的形态的造型、色彩的配置、结构的变化、面料层次的组织、装饰的点缀带来设计的启发。

三、从传统服装素材中启发设计

服装的演变发展受历史、经济、社会、科学和艺术等的影响，在不同的年代、不同的国家、不同的民族都有其代表性的、经典性的服装。运用传统服装的元素进行设计，可以得到一种怀旧的复古风格，加以现代设计的元素，即可以达到具有传统风味的时尚服装（图2-1～图2-10）。

图2-5　以素材为设计点

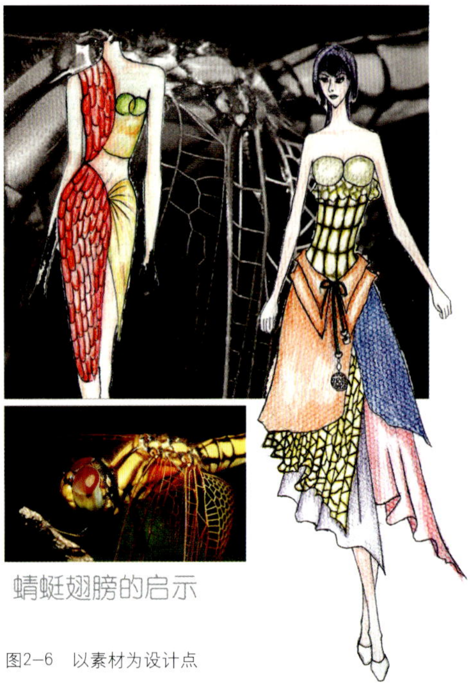

图2–6　以素材为设计点

图2–7　以素材为设计点

图2–8　以素材为设计点

图2–9　以素材为设计点

图2–10　设计素材

[实训练习]

◎　尝试根据图2–10提供的素材图片选择两三张进行服装的设计。

提示：

◎　考虑这些素材的图哪些可以运用在服装的款型、结构、面料肌理、装饰等的设计上。

第二节 ///// 设计方法实训

一、寻找市场的设计点

寻找市场的设计点就是通过收集市场流行产品的设计信息，进行运用或进一步改进，使产品更符合市场需求。

1.基本设计元素的调查与提炼

基本设计元素就是市场上畅销的产品中成功的设计点，基本设计元素决定了产品的整体风格和面貌，就比如一个绘画作品的基本调子和一首音乐的基本旋律，如果基本调子和旋律凌乱，就没有完整统一的作品风格。服装的流行和畅销一般都有贯穿产品系列的一个设计元素，对市场上畅销的产品进行调查分析、整理和提炼，使新产品的设计更符合市场的需求。

图2-11 市场产品分析

2.关键设计元素的调查与提炼

如果说基本设计元素决定了产品的整体风格和面貌，那么关键设计元素就决定了产品的个性风格，整体风格和个性风格不可缺一，也并不矛盾，整体风格是一个公司和企业经营的产品风格定位，个性风格是成衣服装个体产品的设计亮点，个性风格是在整体风格中的变化和设计延伸。

调查市场上畅销的产品，分析出基本设计要素后，然后再分析哪些是构成服装个体风格的关键设计要素，为设计运用提供素材（图2-11～图2-14）。

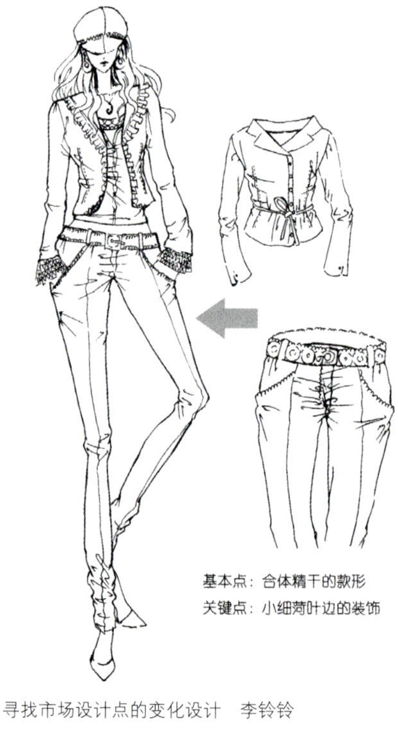

图2-12 寻找市场设计点的变化设计 李铃铃

图2–13

图2–14

[实训练习]

◎ 对图2–13、图2–14进行分析基本设计元素和关键元素，然后尝试进行拓展的设计。

实训目标：

◎ 使你的设计具有基本的和关键的设计点。

二、设计的夸张

就是把设计元素的状、态、量、质、色、位等进行夸张。夸张的设计特点是对某个设计元素进行强化，是在设计元素相对单调或单一中运用的方法，使其变成服装整体中的设计重点或关键点。如在一件没有太多元素的H形服装中，对领子进行形的夸张、色的对比和质的变异，那就可以使本来平淡的服装变成了有设计亮点，把普通变为不普通的服装（图2-15～图2-17）。

图2-15　以面料层次在夸张的造型　李秀叶

图2-16
夸张的设计

图2-17

[实训练习]

◎　对图2-17服装的形态、部件、面料等某一要素的夸张设计。

实训目标：

◎　使夸张的设计要素变成服装整体的设计重点或关键点。

三、错位的设计

错位的设计就是把服装设计元素、题材进行相反的位置设计。这种方法通过反向达到变异、突变，给人意想不到的、耳目一新的效果，如内衣外穿，把领子用在腰部进行设计等。反向要注意把握元素和题材的性质，避免生搬硬套、不合常理的结果。根据具体情况对原造型作适当的处理。

错位的设计在运用中要注意保持服装的整体风格，一般在保持基本设计要素统一的前提上对重点的设计要素或关键的设计要素进行逆向设计，就可以得到既统一又变化的效果（图2–18～图2–20）。

例如进行上→下；左→右；男性用→女性用；表→里；前面→后面；圆→方等的错位变化。

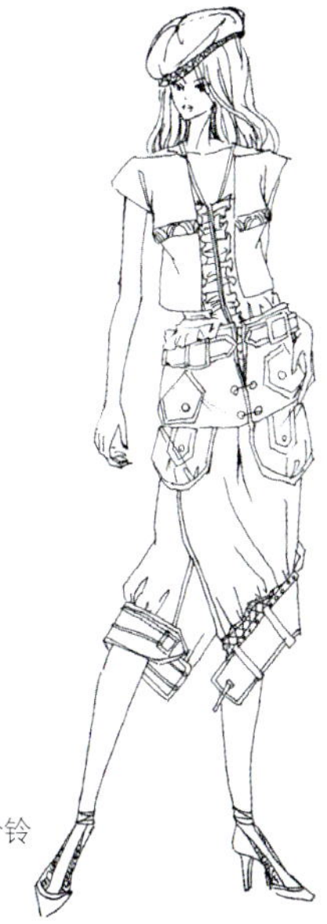

图2–18
腰头、衣袋的错位　李铃铃

[实训练习]

◎　尝试对图2–20的服装的衣袋进行其他方式或位置的错位设计。

实训目标：

◎　用错位的设计使服装更具有创意感觉。

图2–19　错位的设计

图2–20

图2–21　转换的设计

四、转换的设计

转换法就是把服装的品类特征或风格特征运用到另一种服装品类或风格设计中。如把牛仔面料运用到传统的西装款式中，会产生休闲的效果，使其本身赋予了新的含义；把刚性风格服装的款型用柔软的面料制作，会产生形态与状态的对比。转换设计的方法因为其设计比较大胆，所以可以运用到以特定的消费群体为对象、风格独特的、走个性路线经营的成衣品牌公司。

转换设计的方法可以变化设计的基本元素和关键元素，如运动装的基本设计元素是针织面料，关键设计元素是结构，可以把基本元素由针织面料转换为有弹性的牛仔面料，关键元素由造型转换为结构，使设计有了新的视觉元素，体现刚毅和活力的效果（图2–21）。

加减设计的要素：装饰、图形、纹样、结构、色彩、材料、组织、部件、工艺等。

[实训练习]

◎　对图2–21的服装进行部件、色彩、面料等某一要素的转换设计。

实训目标：

◎　用转换的设计使服装产生新的效果。

五、加与减的设计

去掉一些可要可不要的设计元素，使服装的整体效果单纯简约；增加一些设计元素使服装的内容丰富。加、减的元素与流行有一定的联系，在追求繁华的年代用的是加法，在崇尚简约的时代，用的是减法（图2–22、图2–23）。

图2–22　加减的设计　钟金妙

图2–23

[实训练习]

◎　对图2–23的服装进行配件或衣袋的加、减设计。

实训目标：

◎　使服装产生内容丰富的效果或产生简约的效果。

六、拓展的设计

拓展的设计就是先确定服装风格后的延续设计，也就是一个品牌服装风格的常用设计方法。先确定风格的款式、色彩、面料的整体概貌，然后再进行服装细节和局部的设计，内部的细节服从于服装的整体风格，而且要互相协调、相互统一。拓展的设计能保证风格的一致，保证产品线的延续。当一个主题或一个季节的主题产品、主要款式设计出来后，根据主题的主要设计要素和元素进行演变，扩展出系列化的服装（图2–24～图2–27）。

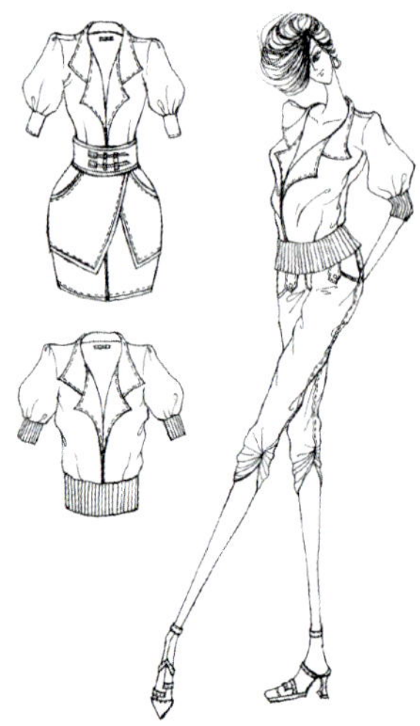

图2–24　拓展的设计

图2–25　拓展的设计

[实训练习]

◎　根据图2–22确定服装的主要设计元素，扩展出其他两套的设计。

实训目标：

◎　使服装通过整体设计后保持既定的风格。

图2–26　拓展的设计

图2–27

图2-28

七、解构的设计

解构的设计就是对整体的结构进行重新组织，使新的结构具有创新的设计。结构造型构成元素有结构的组织线、结构的组织片、结构的组织体。服装结构造型构成方式有衣片结合线、省道、分割线、衣褶、编拼、堆积等。

服装解构的设计方式主要有以创新的衣片结合线、省道、分割线、衣褶、编拼、堆积进行组合、拼接等（图2-28、图2-29）。

[实训练习]

◎　图2-28中左边是打散的面料组织，尝试用它的组织对右边结构完整的服装进行面料组织的变化设计，使它成为解构的面料状态，可作局部或整体的变化，看看服装的风格有什么不同。

图2-29　解构的设计

第二章 成衣的基本设计

本章重点

本章介绍成衣设计的设计原则及以服装的设计要素为设计点的设计方法，并配以相应的图例，使学生更容易掌握实训要达到的设计目标。

学习目标

通过本章的学习，掌握成衣的设计原则，能进行以廓形、结构、面料、部件、装饰为设计点的基本设计，使成衣的设计有一个设计重点，使设计更有针对性，并形成初步的风格特征。

建议学时

24学时。

第三章　成衣的基本设计

随着成衣市场的不断成熟，成衣产品的类型、风格、档次呈现多样化的特征，这些多样化都是由构成服装的款型、色彩、面料、装饰、结构、工艺、部件、配件等元素构成的。本章节把元素进行分类设计，就是要更好地把握这些元素的特征，使设计更有针对性，设计主题和内容更明确，使成衣体现明确的风格倾向，也使成衣的基本设计训练更有效果。

第一节 设计原则

一、比例

设计中比例的概念，是指在一个设计整体中有两个或两个以上的构成单位时，这些构成单位元素的面积、形状、长度、色彩、质量所产生的差值关系。比例在设计中是一个很值得考虑的问题，它关系到人们的视觉均衡美感，当设计中的要素比例合适时，人们的视觉就会产生愉悦感，反之则给人不协调的感受。

自古以来很多学者都对视觉上和谐美感的比例进行研究，其中的黄金分割被认为是符合美感的比例。黄金分割实际上是测量欧洲古代雕塑的尺寸后得出的符合人们视觉均衡美感的一种比例，是经典永恒的一个比例，无论在艺术设计或实用设计中，都得到广泛的运用。

服装设计应用的比例有：分割比例、面积比例、色彩比例、长短比例、质感比例、装饰比例、设计要

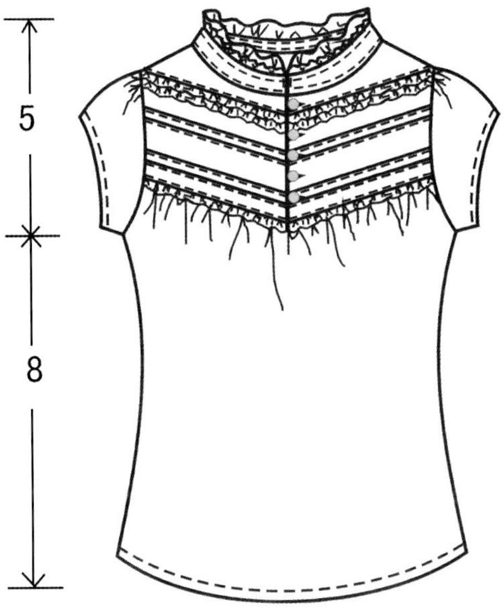

图3–1　设计布局的黄金比例

女衬衫的关键设计要素是重复排列的装饰分割缉线和小荷折边，运用到胸前上部作为设计重点，与下面无设计要素构成比例为5：8黄金分割布局。

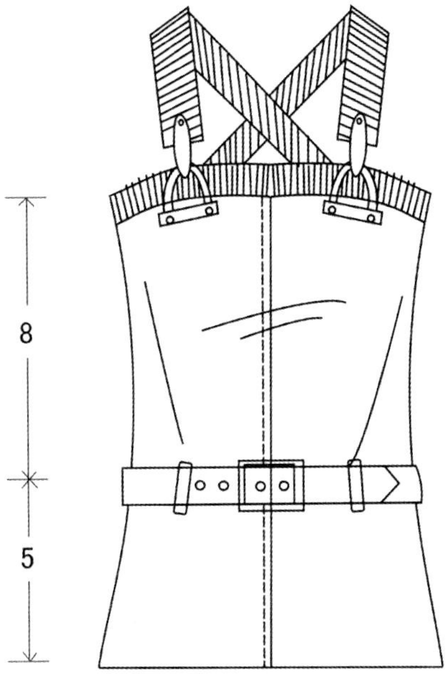

图3–2　配件分割的黄金比例

背带短装中的腰带把腰节上下在视觉上分割了5：8的黄金分割比例。

素配置比例等。

1.黄金分割

黄金分割在服装上得到了广泛的运用，上下装长短的搭配比例、袖子和衣长的比例、服装内部的结构比例、上装腰节分割形成的上下比例等这些运用了黄金分割的比例则得到视觉上的均衡美感。

服装设计中，使用5：8的黄金分割比例，是得到满意效果应用最多的一种比例（图3-1～图3-6）。

图3-3　长度上的黄金比例

长度上的黄金比例，“衣长袖短，袖长衣短”是中国民间的一句服装俗语，意思是长衣配短袖，长袖配短衣，这样看上去的服装搭配才好看，其实这就是黄金分割在民间的体现，只是没有形成理论上的总结，本图合体的短装配上有曲线感的长袖，符合黄金比例，给人一种端庄而又不失活泼之感。

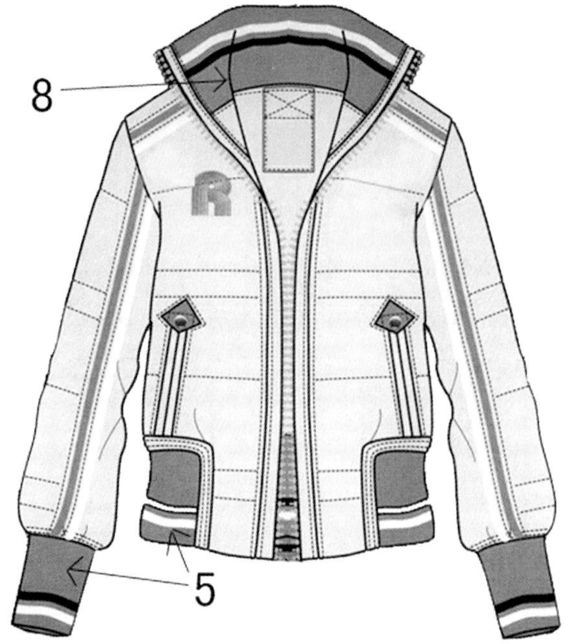

图3-4　部件配置面积上的黄金比例

面积上的黄金比例设计布局，领子和下摆、袖口的罗纹在面积上构成了8：5的视觉均衡和呼应美感。

图3-5　单件组合黄金比例搭配

这一件无领无袖的童装，设计上运用了两层面料的组合得到一种稚气可爱的效果之外，在搭配的比例上也运用了黄金比例，视觉上也得到了美感。

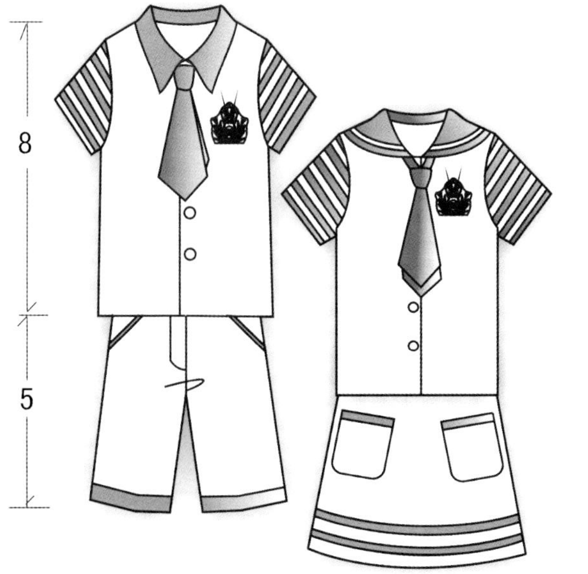

图3–6　两件套装组合黄金比例搭配
这是两件套中学生校服组合服装上黄金比例的搭配的例子，上装长衣配短裤，符合视觉美的比例。

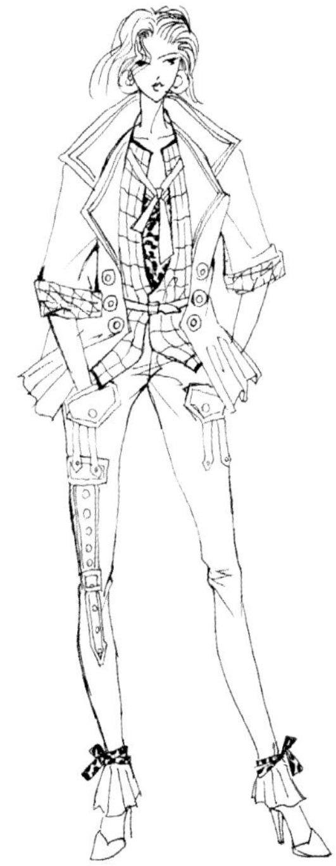

图3–7　强调领子的面积比例　李铃铃

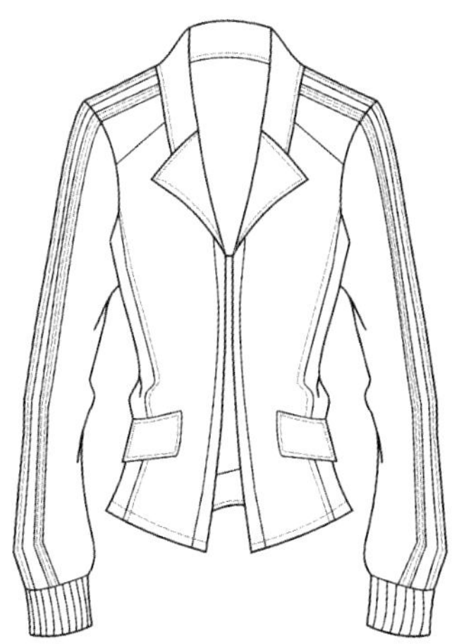

图3–8　内部结构分割的比例

2.人体与服装的比例

服装与着装者的身高、肥胖相适应，才能感觉到着装的协调，这就是服装与人体的比例关系。与人体有关系的服装比例因素有服装的长短、宽松量、上下装的搭配等。例如，圆脸的女士避免佩戴圆大的耳饰；脖子短的人可以选择修长的项链；身材矮小的人不要携带宽大的包等，否则会让人看起来比例失调，使缺点暴露无遗。

3.服装部件与整体配置的比例

在设计中，服装的部件如领子、衣袋、袖子等往往要进行重点的设计，这时它们与服装整体的比例就构成了比例上的长短、大小、轻重等比例关系。如领子与衣身之间的比例、衣袖与衣身之间的比例、衣袋与衣片之间的比例等（图3–7）。

4.内部结构分割的比例

内部结构分割的比例是服装内部细节设计重要的部分，它包括一些功能性和装饰性的分割结构线设计，线的分割的长短、分割的位置对内部结构造成影响，一般遵循黄金比例的分割会获得满意效果（图3–8）。

5.服装色彩搭配的比例

色彩具有前进后退感、冷暖感及轻重感，这些色彩的性格特征会影响到服装的整体效果，配置的比例如果不当将导致服装在色彩上产生凌乱的感觉。在服装的色彩配置中，首先要明确服装的主体色调，然后再进行其他的色彩比例配置，如领子色彩与主体服装的明度、纯度的比例变化等。其他的还有服装的衣袖、口袋、分割裁片等与主体色调的色彩的比例

图3-9 色彩搭配的比例

配置；服装的上衣与下衣、内衣与外衣色彩的比例配置；服装的边饰、线饰、褶饰等与主体色调的色彩的比例配置等（图3-9）。

6. 服装材料搭配的比例

在服装设计中，往往有上下、内外装的材料运用差别，服装材料搭配的比例就是要使不同的材料变得合理，使穿着和视觉上达到舒适的效果。在材料的选择配置中，首先要明确主体材料的风格，在其他服装部位的配置变化时，可根据设计目的进行对比、协调搭配，但要注意搭配的比例，使它们与主体的变化关系处于统一协调的状态。

7.服装配件搭配的比例

服装配件搭配的比例与对服装配件的强调不同，配件的强调是以配件为设计总体，而在以服装为主体的设计中，则要强调配件与服装的协调性，包袋、帽子、鞋子、腰带、纽扣、围巾等配件的大小、形状、色彩与服装整体则要比例合适。

8.创意效果的比例

创意效果的比例就是打破常规的比例理论，使设计具有创新的效果，这是流行服装及前卫服装应用的设计手法，当然创新的设计往往都具有一定的时段性，流行及前卫的设计经过一定时间后又有新的设计出现，或有时又回归到经典的设计，出现轮回的现象。

创新的比例往往在服装的长短、位置上做变化，如把腰线提高是一种高腰的设计，使身段显得更修长；如把袖子变长，变得更淘气；把裤腰变低，把上装变得更短，露出肚脐，变得更性感等。

9.比例的尺度

尺度是指服装的部件(领、袖、袖口、口袋、纽扣、腰带、装饰物等)在服装整体中的形状、大小与配量，无论在它们相互之间，还是与整体的关系中，都应遵循平衡和匀称的原则。如果设计的某个要素过重或过轻，过大或过小，过多或过少，就会对服装的整体视觉造成影响，给人一种紧张或欠缺的不舒畅之感。因此，在设计中运用的设计要素以明确的设计目的为出发点，使其相互之间的关系恰到好处，融为一体（图3-10、图3-11）。

图3-10　长短比例尺度的把握
左图为突破常规的长袖比例，与右图的对比更具有设计感。

图3-11　长度与面积比例尺度的把握，衣短袖长，领大袋小(左款)

二、韵律

韵律指的是设计单元有规律重复出现而形成的节奏感。韵律的运用可以给人们的视觉带来活跃的节奏美感，能调节人们的情绪，引起轻快的感觉。在服装设计中运用韵律，可以给人一种音乐优美旋律般的视感感受。

服装上的韵律运用可通过产生形感、量感、色感、质感的线条、块面、色彩和材质进行设计，工艺上运用装饰线、拼接、褶裥、滚边、钉扣等的排列手法。

韵律与服装的结构、款式的功能性这一层面相比，它更具有装饰性，所以更多运用于女装、童装的设计。恰当地使用韵律，可以得到良好的装饰效果，但不加节制地运用，则容易产生凌乱和不统一的感觉。

韵律的构成有三种：

1.重复韵律

是指同一设计要素在一定范围内等距离地连续排列。重复的韵律给人一种整齐律动的感觉，在某种形式上具有强调其本身在运用范围里的主导作用，当周边的其他设计要素简单处理时，它就起设计重点的作用。例如，用小荷叶边装饰领边，其同样大小的形状连续反复出现，形成了有规律的装饰，与平淡的普通领子相比具有别致的效果（图3-12～图3-14）。

2.自由的韵律

是指同一设计要素在重复时有大小、疏密、聚散的重复变化排列。无规律的韵律是一种打破整齐的设计，目的是达到自由变化的效果，给人在视觉上具有轻松、动感、活泼的律动刺激。这种韵律的设计看上去无规律可循，但并不是凌乱的设计，而是在无序中力求在一定的面积内达到视觉均衡的统一美感，是一种轻快的设计。但在运用中要把握与周边元素的协调（图3-15、图3-16）。

图3-12 重复的韵律

图3-13 重复的韵律

图3-15 自由的韵律

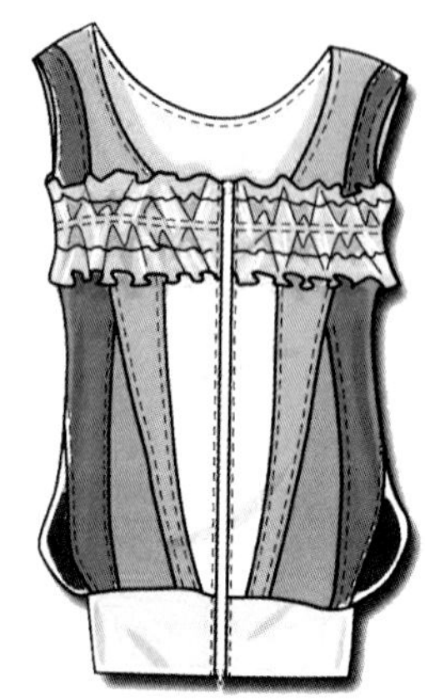

图3-16 自由的韵律

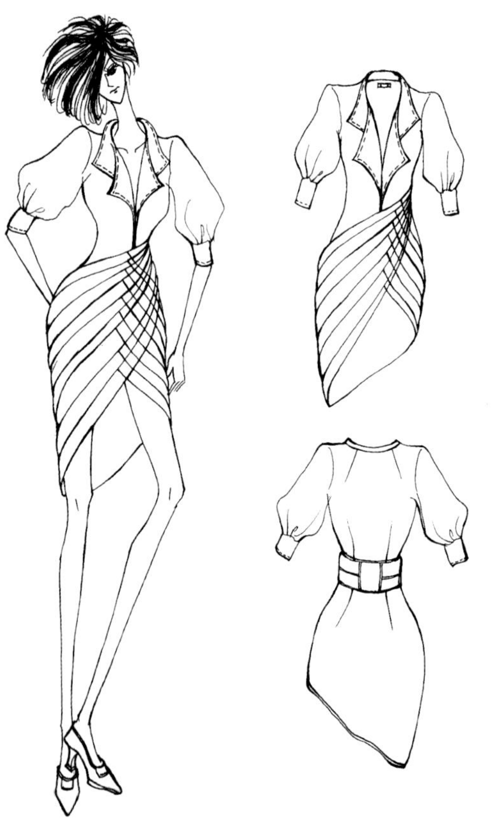

图3-14 重复的韵律 钟金妙

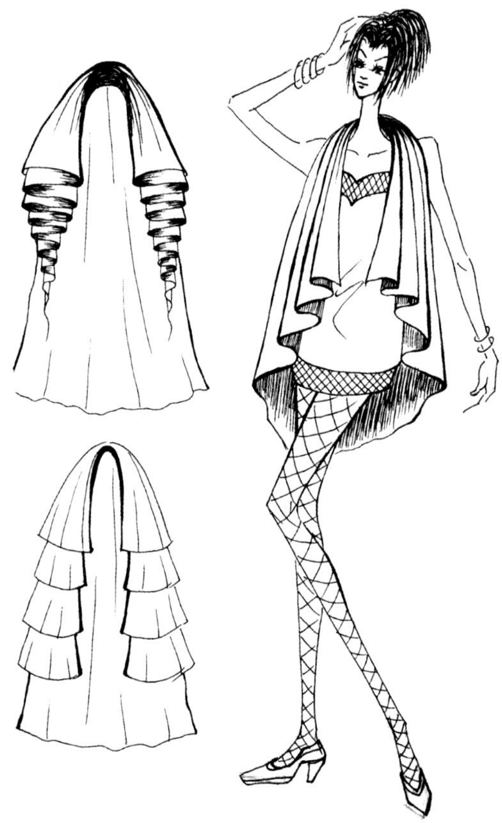

图3-17 渐变的韵律 钟金妙

3.渐变的韵律

是指设计要素以等比或等差的关系作等级变化或等级重复，也就是渐变，是一种递增递减的变化。渐变韵律有一种有序的变化，在变化中具有规律，有一种秩序变化的美感。

在韵律运用的形式上，可以进行形态、色彩、线条在大小、明暗、曲直的韵律变化（图3-17）。

三、平衡

所谓平衡，是指在一定环境内的物质在重量、大小、密度、位置、形状和数量等达到一种均衡的状态，这种状态下人们的视觉感能有一种安全、舒适、放松、沉稳的感觉。服装的平衡是指在设计中把相关要素进行一定量的、位置和比例上的均衡设置。服装设计中所用的色彩、材料、装饰等美的要素保持平衡时，其设计可以得出一种和谐美。平衡可以说是一种经典的、永恒的原理，打破平衡的创意设计可以一时满足人们的好奇、叛逆和求变的心理，但很快就会有新的创意代替和回归经典。

服装设计中所采用的平衡有两种类型。

1.对称的平衡

在左右相称的平衡中，两方同样尺寸、同样质量的东西，距离点相同距离时，在物理性和规定上，都是均等的状态（图3-18、图3-19）。

2.非对称的平衡

因为它是不均等的平衡，因而，即使左右不相称，各种尺寸和质量也能相互呼应，成为一种活动性中又有相对稳定的动感状态，因为人体是相对称的，所以在时装设计中，通常多利用正规的平衡。但是往往也利用非正规的平衡，由此而产生有魅力的样式（图3-20～图3-23）。

图3-18　对称平衡

图3-19　对称平衡

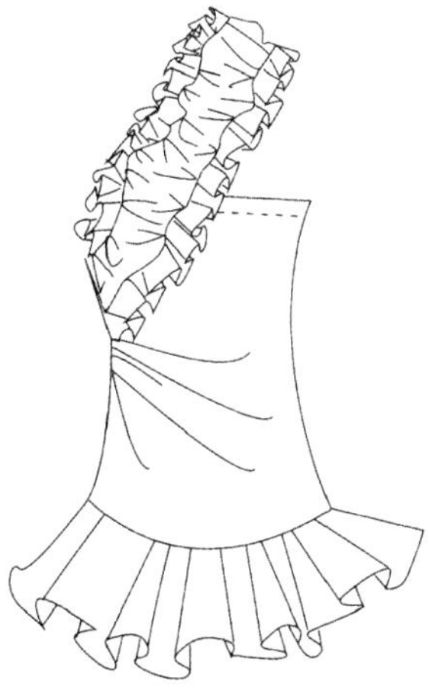

图3-20　非对称平衡

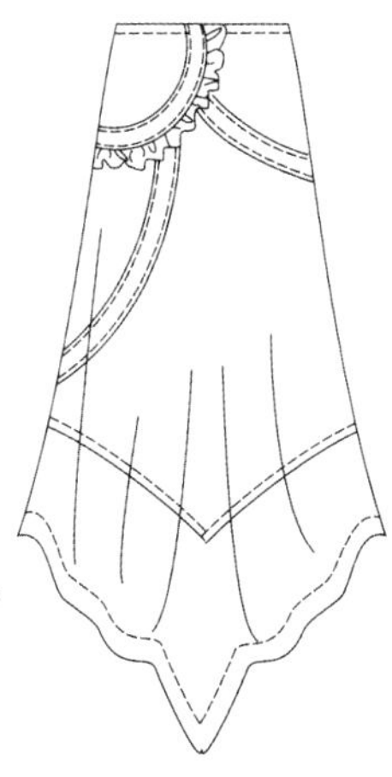

图3-21　非对称平衡

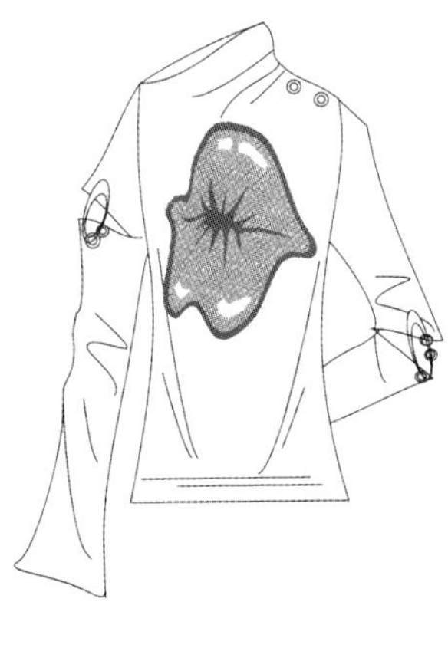

图3-22　非对称平衡

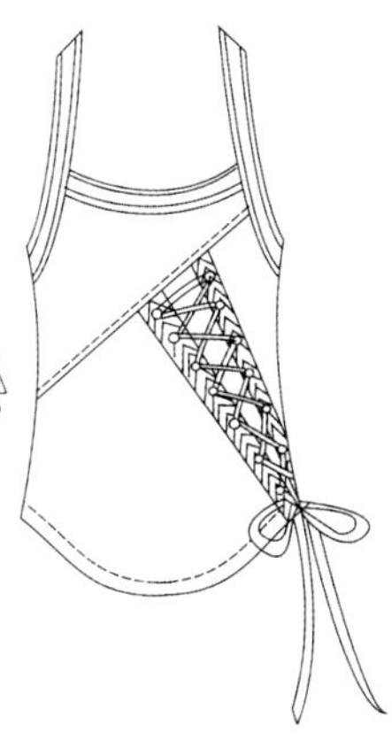

图3-23　非对称平衡

四、统一与变化

统一是指在一定的环境里的所有构成因素中具有完整性、系统性和协调性。服装上的统一是指构成服装的要素和元素处于一个相互协调但又有明确的内容的整体。服装设计上统一的意义在于能更好地表现明确的风格、主题和内容，所运用的设计要素和元素围绕主题去表达，没有多余和不协调的要素，服装的整体效果更突出服装的风格（图3–24）。

服装的统一，一是要求服装与着装者的身份、职业、年龄、性别、气质、环境等内容相协调统一；二是服装构成要素中的款式、色彩、材料、结构、装饰、配件的风格要统一协调。服装的变化则是要求不同的消费者有不同的着装需求，在服装的风格、款式、材质、色彩、图案、工艺上都有偏爱。

统一与变化的程序：首先要明确目标，在设计训练中就是明确设计目的和内容；在产品设计中则表现为明确品类、消费对象、产品定位；在产品企划中则是主题、风格和定位。明确设计目标就有了一个设计方向，然后再进行相关设计要素的选择和组织。二是设计的构思、表现和调整，在对设计要素的设计过程，就是围绕设计目标进行统一的设计变化。

设计中如果有的显得单调，或是复杂，或过于华丽，或是凌乱，这都是不能巧妙地运用谐调的缘故。不谐调的设计，往往是由于模仿别的服装设计的某一部分，生搬硬套，以致设计要素的配置不合理；或是在设计开始就没有一个明确的定位，没有明确的设计思路，没有清晰的设计目标，最终东拼西凑，没有章法；也有的是因为最初的设计单薄，为了补充它，又添上一些与风格或主题无关的要素，以致造成不谐调的现象。

统一与谐调的方法：

1.类似

在不同设计要素中强调其共性，达到协调。服装

图3–24　图案风格的统一与变化

图3-25 统一与变化 钟金妙

图3-26 统一与变化 钟金妙

造型的类似，是指两个以上的构成要素保持一种秩序与和谐，即服装的形态、色彩、面料、部件等的风格一致和统一。使服装的整体保持秩序的视觉舒适美感。

2.变化

服装的统一和变化是相对的，统一的目的是为了明确风格，变化的目的是为了实现风格的特征。如果没有变化，就没有风格的趋向；如果没有统一，就没有清晰的风格。变化与统一的关系是相互对立又相互依存的统一体，缺一不可。

在服装设计中既要追求款式、色彩的变化，又要防止各设计要素的杂乱堆积缺乏趋向性。在追求统一风格时，也要防止缺乏变化引起的呆板单调的感觉，因此在统一中求变化，在变化中求统一，使局部服从于整体、个性融于共性，是设计中不断关注、不同调整的一个过程（图3-25、图3-26）。

五、强调

强调就是为了加强表现服装的主题或是使服装中有一个设计重点突出的元素，以引起视觉上的关注。在一个服装设计中所运用的要素在量、质、形、色上是有区别的，都有着对比的因素，有意识地强调某个要素，就会起到强化作用，不然就会显得平淡、缺乏趣味，得不到视觉上的愉悦感。

强调必须是服装的视觉重点，虽然它的位置不一定是在服装的中心上，但它是服装整体中的视觉焦点，因而强调的设计单位元素不能超过一个，如果是两个或两个以上，则会造成视觉上的混乱，达不到强调的目的。要使强调的设计单位成为焦点，其他的设计必须是从属或衬托作用的。

强调在设计运用上有强弱的区分，例如日常生活着装、上班着装等，在设计上运用强调的设计则应该是弱对比的强调，以免与着装环境及服装的风格不协调；而礼服、时装、运动服及节庆穿的服装强调的运用则不受限制。

强调的方法：

1.焦点

在所有设计元素的运用中，以其中某一个作为重点，这一点与其他的元素在视觉上进行对比的设计形成整体中的关注点（图3—27）。

2.夸张

夸张也可以达到强调的作用，当一个整体的局部产生夸张时，这一部分就成为视觉的关注中心点，起到强调的作用。

3.集合

就是把设计要素在整体的某个位置上集中，从而达到视觉的关注重点，也达到强调的作用。

4.对比

对比是指两个或更多单位设计要素在一起时产生的视觉差异，服装上的对比运用是通过差异来强调某种设计目的。服装设计上运用对比和运用强调手法有一定的区别，对比是对立的比较，如色彩的红与绿，面积的大和小，形状的方与圆，材质的粗与细，线条的直与曲，色度的明与暗，位置的上与下等。而强调则是要素的夸大与夸张，与其他设计要素没有差异性很大的对比关系。有了对比，可以使服装上色彩、形状、质感、光亮等达到醒目突出的视觉效果，恰当地运用把握好设计的要素对比，是设计出不同效果服装的关键（图3—28）。

运用设计的元素进行大小、形态、色彩、肌理、面料进行对比。一般对比是两个不同设计要素才能产生对比，需要注意的是，强调的对比必须是被强调的设计要素，起到焦点的作用，其他的要素是衬

图3—27 焦点的设计

图3-28　以对比进行强调腰部的设计

图3-29　牛仔装在下摆和袖口处用了轻薄柔软的面料与牛仔面料进行软硬对比，工艺上下摆用了小荷叶边，将轻盈、秀气、活泼的风格融入男性化的基本款型和面料对比中，尽显女性青春与活力之美感。

托的，所以对比的双方有一方在量、质上要弱化（图3-29）。

强调的运用：

1.对造型的强调

造型的强调就是把造型作为服装整体中的设计重点，而其他的设计要素是从属地位，是被弱化的，以突出造型的概念，使人对形更加关注。

造型的强调有整体的，有局部的。整体的造型强调必须是与常规的、平通的服装形态不同，不然起不到强调的作用。而局部的形态强调，就是对服装的某个造型部分进行夸张，以其他的形态要素产生对比，达到强调的作用，如对领子、对袖子的造型进行夸张的处理，达到强调的作用。对造型的强调适合运用夸张的方法（图3-30）。

2.对色彩的强调

色彩的强调就是在服装的整体色彩中，对服装的某一部位或部件的色彩，进行以服装整体色彩的对比搭配处理，从而达到强调的目的。如领子的色彩与服装的其他部位运用对比色彩进行强调，以突出领子作为关注重点。对色彩的强调适合运用对比的方法（图3-31）。

3.对面料的强调

在服装中对面料强调的设计，通过对面料进行褶裥、层叠、石磨、雕花、镂空、拼接、绗缝等工艺的处理，使面料产生特殊的肌理效果，形成服装整体中的关注重点，达到强调的目的。当然，这时服装中的其他设计要素要处于从属地位，如色彩、装饰的作用不能超过面料的设计作用（图3-32）。

图3–30 对造型的强调

图3–31 对色彩的强调

4.对装饰的强调

对装饰的强调就是在服装所有的设计要素中，装饰是服装中最引人注目的重点。通过刺绣、印染、钉珠、折叠、花边、镶边形成图案装饰，在纹样、材质、色彩、大小、题材上变化，达到装饰强调的作用。对装饰的强调适合运用集合的方法（图3-33）。

图3-33　对装饰的强调

5.对服装配件的强调

对服装配件的强调，就是包、帽、鞋子、腰带、围巾等配件在服装的整体中起到关键的设计作用，强调它们的造型、色彩、材料，使它们变为服装的视觉关注点。

在一个服装设计中所运用的要素在量、质、形、色上是有区别的，都有着对比的因素，有意识地强调某个要素，就会起到点缀作用，不然就会显得平淡、缺乏趣味，得不到视觉上的愉悦感，这个被强调的装饰就是焦点（图3-34、图3-35）。

图3-34　服装配件(腰皮带)的强调

图3-35　服装结构线的强调

图3-32　对面料的强调　钟金妙

第二节 ///// 成衣的基本设计

以服装元素进行基本的设计之所以重要，因为设计可以基于一个设计的基本点，从这个基本点上不断展开设计思维，变化和类推出同类和同质的设计，在众多设计手稿中，它们都有不同的效果，有些是出众的，有些是平凡的，有些是有特色的，这就产生了比较，使符合设计要求的得到了选择的余地。

元素设计点另一个重要的收获是可以在短时间内激发我们的设计灵感，灵感有时候是瞬间而过的，在设计过程中，我们的思维一直在活跃的状态中，灵感就来自于这活跃的状态，我们把这激发出的设计灵感要快速记录下来，就可以得到丰富的设计手稿。

以元素为设计的方法要注意的问题：

不要太注重结果，不要追求每张设计手稿都很完美，不要过早给自己的手稿进行评价，那样会影响自己的思维状态，拓展设计的过程应该是不断变化设计的过程，而不是评价的过程，要保持自己的思维处于活跃的状态。

不要在手稿上进行过多的改动，当你要改动时说明你已经有了新的想法、新的思路，其实这就说明你在拓展设计的过程中已进入了状态，这状态萌发出了你新的设计，你要改动的应该留给第二张设计稿，在第二张设计稿中也许你又有了更新的思路，这样以此类推，就可以不断地进行拓展，不断地进行设计，这就是拓展设计要达到的目的。

画一张手稿时间不要太久，时间太久会影响自己的设计思维，当不能继续进行时，最好停下来，去做一些其他的事情。

拓展设计要有重点，拓展设计的重点在于拓展和设计表达，不要注重与拓展无关的东西，不要注重与拓展无关的细节。

要清楚的几个问题：

1. 以某一服装元素为设计重点，是不是其他的元素就不存在了或没有必要设计了？

不是的，只是把这一设计元素作为突出的设计重点，其他的服装三大要素还是要的，否则就不成为服装了。例如以装饰元素作为设计重点，其他的款式、面料、色彩则作为一般性简单衬托的设计。

2. 能否有多个设计重点的元素？

可以的，但也要有轻重的关系，否则服装的整体效果就会造成视觉上的审美混乱，引起视觉点的飘移不定，得不到统一感，所以要注意所运用的元素“分量”关系。

[复习参考题]

◎ 本节始终围绕一个关键问题进行展开：利用服装的某特定元素进行重点的设计。

◎ 为什么要以服装的要素进行成衣的基本设计？

一、以廓形为设计点

服装的廓形指的是服装整体的外轮廓形状，是构成服装风格的关键要素。人们对服装的认识首先也是从廓形开始的，人们对服装形态外形特征认识的第一直觉高于其内部的细节特征。外形的特征决定了人们对其认识的视觉感受，如四方的外形给人大方、刚直的印象，曲线的外形给人一种优美、动感的感觉。

廓形类型：1.体形的廓形；2.强调修长效果的廓形；3.强调矩形的廓形；4.强调大下摆的廓形；5.强调厚实的廓形；6.强调蓬松的廓形；7.强调肩部的廓形；8.强调创意效果的廓形。

图3-36　合体的廓形

1.强调体形的廓形

一般为适体的短装，如紧身T恤、短裤、短裙、泳衣、健美裤、紧身运动衣等（图3-36）。

2.强调修长效果的廓形

合体为主，有一点宽松的余量，在长度上加长，达到修长的效果，如修长的直筒裤、修长的连衣裙、修长的袖子等（图3-37）。

3.矩形的廓形

即服装呈矩形、箱形、筒形或布袋形。以肩部为支撑点，肩、腰、臀、下摆呈直线，整体造型如筒形，特点是平肩、不收腰、筒形下摆，具有中性化特征。穿着宽松随和、舒适自然的特点。多用于运动装、休闲装、男装及在动感中突现个性的女装设计中（图3-38）。

图3-37　修长的廓形

图3-38　矩形的廓形

图3-39 强调下摆的廓形

图3-40 X形的廓形

4.强调下摆的廓形

造型上窄下宽，具有正三角形外形。款式上使肩部适体，腰部不收，下摆扩大。造型具有稳重优雅、浪漫活泼的效果，流动感强、富于活力的特点，常见于大衣、连衣裙等的设计中。主要变化有帐篷形、圆台形、喇叭形、正梯形、人鱼形等（图3-39）。

5.X形的廓形

X形的服装形态和线条根据人体特征进行设计，造型特点是肩部合体，腰部收紧，下摆展开，整体形态能充分展现人体美的特征，是适合女性服装的一种款型。X形具有柔美、流畅的女性化特点，整体造型优雅又不失活泼感。X形变化有适体形、沙漏形、钟形、侧面S形等（图3-40）。

图3-41 O形的廓形

6.O形的廓形

O形廓形呈椭圆形，扩张腰部，肩部适体，下摆收紧，整个外形比较饱满、圆润，呈现出圆润的O形外观。造型线条具有休闲、舒适、随意的特点，富于创意，廓形独特，在休闲装、运动装以及个性化的时装设计中运用得比较多。又被称为椭圆形、灯笼形等（图3-41）。

6.强调肩部的廓形

服装形上宽下窄，廓形类似倒梯形或倒三角形。其造型特点是肩部夸张、收紧下摆，使服装具有大方洒脱、干练威严的刚性风格。T形变化有V形、Y形、三角形、倒梯形、锥形等（图3–42）。

图3–42　强调肩部的廓形

7.强调创意效果的廓形

打破传统造型，没有固定的形状，以创意为主，是现代服装造型的一种（图3–43、图3–44）。

图3–43　创意的廓形

图3–44　创意的廓形

8.以廓形为设计点的设计训练

①夸张法：就是把设计元素的形、状、态、量、质、位等进行夸张。夸张法的特点是对某个设计元素进行最大限度的设计，如在下摆和袖子等进行大←→小、高←→低、长←→短、粗←→细、轻←→重、厚←→薄、胖←→瘦、硬←→软、宽←→窄或重叠、组合、变换、移动、分解等的夸张尝试。

②强调法：强调就是为了加强表现服装款型特征的表现，以引起视觉上的关注。如用X形强调女性曲线体形的款型，或是强调服装某一部位的造型。强调与夸张法的区别是，强调的量把握适度，而夸张法和极限法是尽量地处理（图3–45、图3–46）。

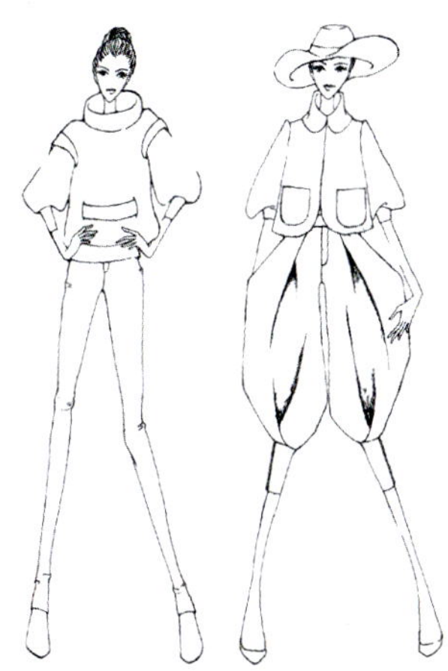

图3–45　廓形为设计点的设计　兰兰

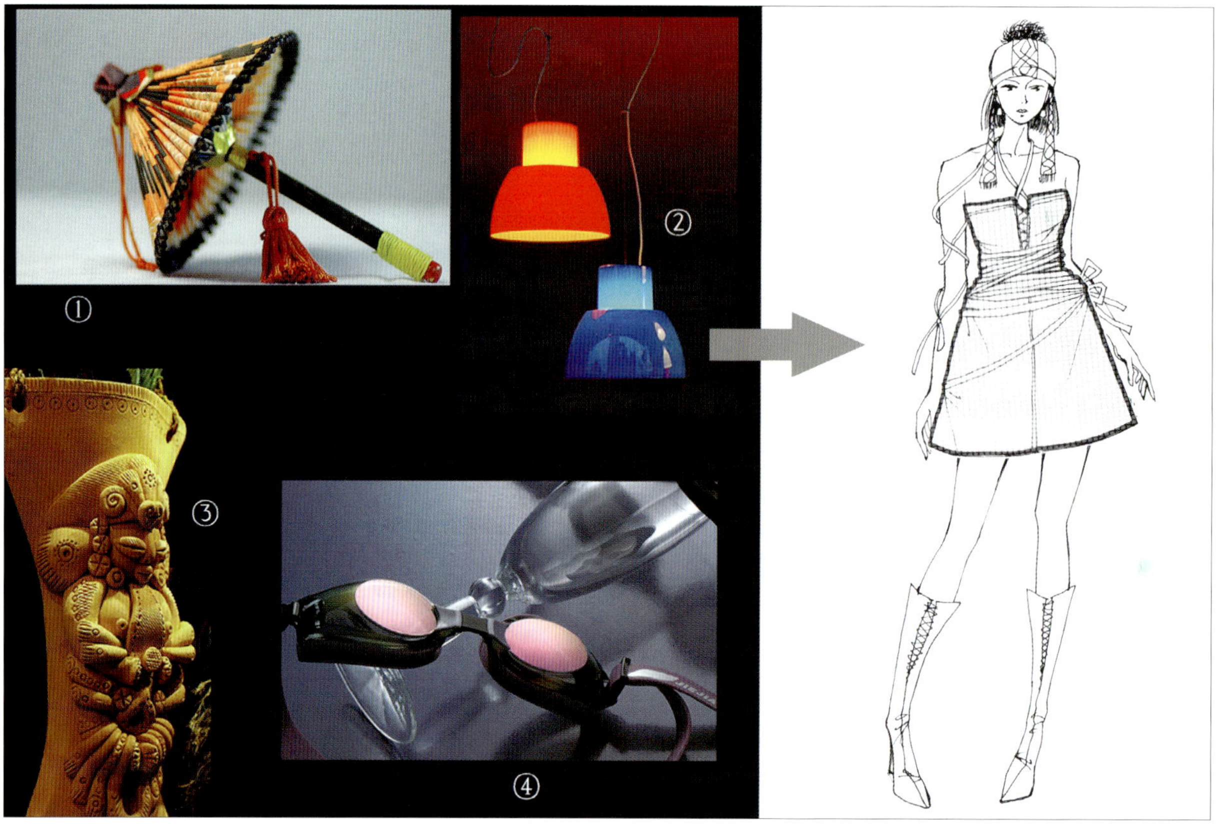

图3-46　素材与廓形的设计　李玲玲

二、以结构为设计点

服装的结构指衣片的接合线条和服装的装饰线条。分造型结构线和装饰结构线两种。

1.造型结构线

指服装中根据人体结构的特征进行的剪裁分割线。如肩缝线、门襟线、后中线、袖笼线等。它的特点就是必须在人体的转折部位、活动部位等关键部位进行分割，以符合人体结构，是属于功能性、实用性的结构线。

造型结构线根据其功能和作用又可分为结构剪裁线和省道线。

[实训练习]

◎　根据图3-46以素材为廓形设计点的设计范例，进行①、③、④素材的相关廓形款式设计三款。

实训目标：

◎　使所设计的服装具有素材的外形特征，但同时具有成衣的实用性。

图3—47　造型结构线

图3—48　以结构面为设计点

省道，是根据人体结构的起伏变化的需要，在平面的面料中通过缉合一定的量，使服装产生立体的效果。主要有：胸省、腰省，臀省、腹省、肩省、背省、肘省、领省等。形态多为枣核省、锥形省、平省、弧形等。

现代服装省道的设计，已不再是传统的手法延伸运用，不但是造型手段，也作为服装装饰手段进行设计。例如将传统的省道位置、大小、长度、形状、里外作变化，或是集中，或是分散等，以达到别致的设计效果（图3—47）。

2.造型结构面

指以面进行造型的结构，是强调服装局部或整体造型的一种设计。造型面的方法主要有：块面的重叠、块面的穿插、块面的解构等。以造型面进行的设计是能体现创意的一种设计（图3—48、3—49）。

图3—49　以结构面为设计点　钟金妙

3.装饰性结构线

装饰性结构线是对服装进行美化、装饰作用的线条。

装饰性结构线可以结合功能性的结构线进行设计，也可以根据需要进行装饰性的分割，分割的部位在服装的任何部位都可以，视设计目的而定。

装饰结构线的工艺处理手段有两种，一是剪裁分割面料缉缝形成线条，二是在面料上用缉线、锈线等工艺形成线条（图3–50）。

图3–50 装饰性结构线

4.结构的工艺表现形式

平缝线——最常用的结构线，两块衣片的缝合处，它往往用在服装的转折结构处，符合人体结构及运动特征。如：肩缝线、袖隆线、侧缝线、背中线、公主线。视觉上有很考究的外观品质。

省道线——符合人体结构特征或设计所需的收缝线。如腰省、胸省等。

滚边线——即包边线，用与面料相同或不同的包边材料在衣片的边缘处进行包缝。为防止包边起皱，所以包边的材料用斜料。滚边线具有锁住衣片毛边、强化衣片结构感、视觉上的装饰美化的作用。

缉缝明线——在与平缝线处平行缉缝线条，进行加固或装饰作用；或在服装的某部位缉缝装饰线条。进行装饰缉缝的缝纫线为强化装饰效果，一般都比平缝线粗，线条色彩也可以进行设计。如牛仔装的缉缝明线都有很强的装饰效果。

平接缝（倒缝）——缝头往一边倒，然后再压明线，既可以加固，又可以进行明线装饰，是牛仔装中最常用的一种缝法。

夹心嵌条缝——在两块面料的接缝中嵌入一条面料，嵌条中间穿有绳子，嵌条就具有了凸出的质感。

手工型缝线——机器模仿手工缝制的一种线迹，线粗而且针迹长，体现质朴的休闲感觉。

拷边——拷边既可以作为锁住衣片毛边的作用，也可以作为装饰线。

5.以结构为设计点的设计方法

风格化：风格化就是把装饰结构设计出具有一定的风格倾向，以加强服装的表现力。一是刚性风格，以直的装饰线条为主，强调硬朗的装饰效果；二是柔性风格，以曲线的装饰线条为主，强化优美的曲线动感特征；三是中性风格，直线、曲线或是没有明显倾向的线条，以表达中性、含蓄的风格特征。

层次化：层次化就是通过里外、穿插、重叠的线条组合达到装饰丰富的效果。

转换设计：就是把功能性的转换为装饰性的，或位置、方向、材料的转换设计。如：省道的转换（图3–51）。

装饰强调：对服装的结构剪缉线如果进行装饰的处理，如滚边、嵌条、缀花边、荷叶边等，既可以达

图3-51　省道的转换

图3-52　装饰强调

到结构缉合的功能性作用，又可以达到装饰性结构线的双重作用（图3-52）。

材料组合：在不同的结构块面上进行不同的面料配置、色彩变化、肌理变化、图案装饰等，可以丰富服装内在的设计要素，使服装产生不同美感的效果。

韵律美化：用装饰线有规律地重复出现而形成的节奏感。韵律的运用可以给人们的视觉带来活跃的节奏美感，能调节人们的情绪，引起轻快的感觉，给人一种音乐优美旋律般的视觉感受（图3-53、图3-54）。

图3-53　强调结构的设计 张显军

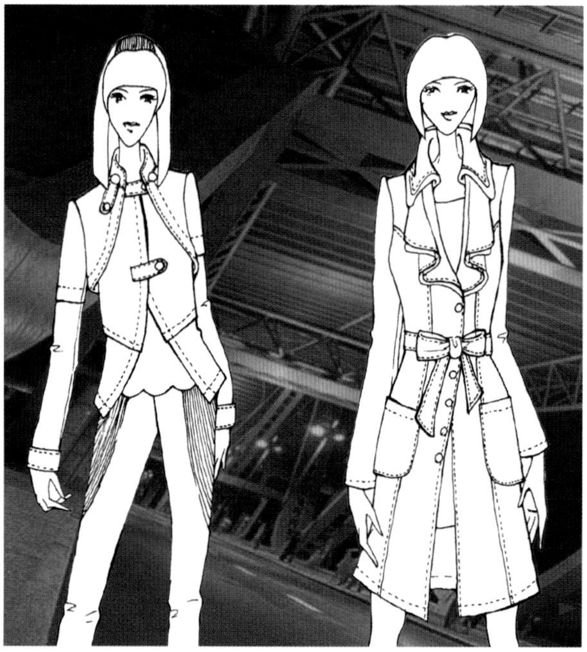

图3-54　强调结构的设计 兰兰

[实训练习]

◎　参考图3-47～图3-54，进行以强调结构特征的设计三款。

实训目标：

◎　使所设计的服装具有以结构为主的特征，但同时具有成衣的实用性。

三、以部件为设计点

服装部件指的是：一是有一定功能作用的，与服装主体相关联的服装局部，如领子、口袋、腰头、袢带等；二是指与主体相配套的服装局部，如袖子等。二者兼具功能性与装饰性，是服装设计的重点。

1.部件的类型

①领子

无领：无领也就是其领口形状就是领型，衣身上没有加装领面。无领型设计一般用于夏装、内衣、休闲装、童装、连衣裙、晚礼服以及T恤、毛衫、针织服装等的领型设计上。主要有：一字领、圆领、方形领、V形领、U形领、马蹄领、烟囱领、甜心领、露肩领、轭领、单肩领、锁孔领、田径领、信封领、垂坠领、松紧领、抽绳领、船形领、鸡心领、背心领等。

立领：立领是竖立在脖子周围的一种领形，又称竖领。立领一般分为直立式，如旗袍领等；领座有一定倾斜的称为倾斜式立领，倾斜式分为内倾式和外倾式两种，内倾式是典型的东方风格立领。欧美国家倾向于外倾式，领形挺拔夸张，优美豪华，极具装饰性。

翻领：翻领是将领面向外翻折的一种领型。翻领从结构上看有领座和无领座两种形式，男式衬衣领子都属于有领座的翻领。翻领从翻折角度上看又有无领座的贴肩的平翻领，其特点是领型平服大方，如海军领和常见的学生领等；领面向外翻贴在领座上的领

图3-55　以领子为设计点 钟金妙

型，称为立翻领，其特点是朴实、严谨，可掩盖颈长的缺陷，如中山装和男衬衫的领型；翻领因外形线变化、翻折幅度变化、领角形状变化的不同，有圆翻领、方翻领、尖翻领，有小圆领、小方领，披肩领、围巾领、波形领、皱翻领、铜盆领、马蹄领、燕子领、蝴蝶领、花边领等（图3-55）。

驳领：驳领也是翻折领的一种，但因衣领是和驳头相连的，与普通的翻领又有区别，驳领前门襟敞开呈V字形，两侧向外翻折。驳领领型由领座、翻领和驳头三部分决定，西装领是驳领的典型代表。

驳领造型讲究，驳头长短、宽窄、方向都可以变化，常有平驳领、枪驳领、倒驳领、连驳领，也有平驳领、尖驳领、方驳领、圆驳、大驳领、青果领。驳头变宽比较休闲，变窄则比较职业化。驳领属于开门领，通常要与衬衫、领带或领结等穿着取得统一效果（图3-56～图3-59）。

图3-58　以领子为设计点　钟金妙

图3-59　以领子为设计点　李玲玲

图3-56　以领子为设计点

图3-57　以领子为设计点

②衣袖

衣袖的基本类型：按袖长分类有长袖、中袖、半袖、短袖、盖袖或无袖、三分袖、五分袖、七分袖、八分袖、长袖。按袖形分类有灯笼袖、喇叭袖、花蕾袖、马蹄袖、羊腿袖、蝙蝠袖、鸡腿袖、几何形袖等。按袖口分类，有大、中、小袖口，袖口的形式有罗纹袖口、克夫袖口、松紧带袖口、抽带式袖口、搭袢袖口等。按裁片分类可分为一片袖、二片袖、多片袖。

归纳起来，按结构分为连袖、装袖、插袖三类。

连身袖：连身袖是袖子部位没有独立剪裁的，袖子与衣身连成一体的一种袖型，又称连衣袖。连身袖的特点是宽松舒适、活动方便、工艺简单，多用于运动服、家居服、中式服装、晨衣、睡衣、海滩服、浴衣等。连袖分中式和西式两种，我国古代的深衣、中式衫、袄的袖子都是典型的连身袖。

现代的连身袖与传统的连身袖相比出现了很多变化，通过省道、褶裥、袖衩等工艺技术塑造出较接近人体的立体形态。

装袖：装袖是袖片和衣片分开裁剪，再经缝合而成的一种袖型，又称接袖。是服装中应用最广泛的袖型。装袖具有造型线条顺畅，穿着合体舒适、美观平整、端庄严谨的特点。一片装袖袖窿较深且平直，多用于衬衫、外套、风衣和夹克衫；两片装袖，多用于男女外衣，它符合人体肩臂部位的曲线，外观挺括，立体感强。

插肩袖：插肩袖是指袖子的袖山延伸到领口的袖型，又称装连袖。插肩袖具有造型线条简练明朗，穿着效果平服合体、洒脱自如的特点，适宜做运动服、大衣、休闲外套、外套、风衣。插肩袖有一片袖、两片袖和三片袖之分，一片袖多用于夹克衫，两片袖多用于男女外衣，三片袖多用于大衣和风衣。插肩袖与衣身的拼接线可进行抛物线形、肩章形、折线形、马鞍形、波浪线变化设计出多种服装款式（图3-60、图3-61）。

图3-60　以袖子为设计点

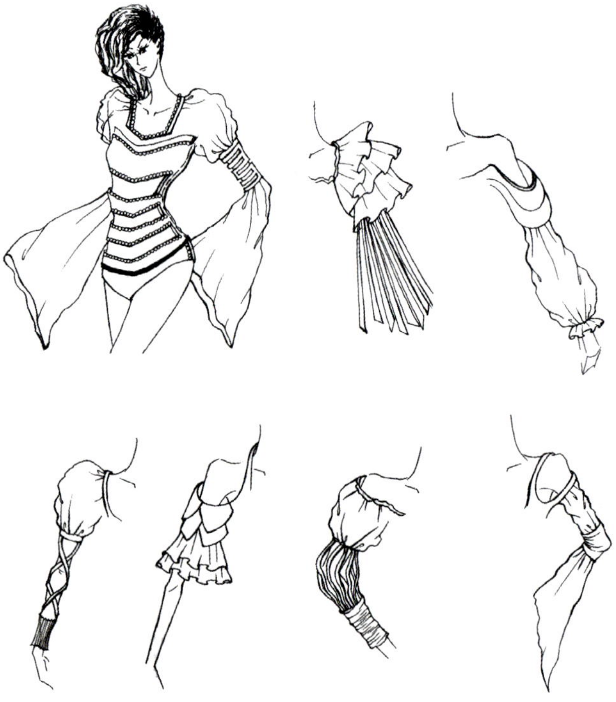

图3-61　袖子的变化　钟金妙

③衣袋

根据衣袋的结构特点分类，衣袋主要可分为贴袋、挖袋、插袋三种。

贴袋：贴袋是缝贴于服装主体之上的口袋，贴袋又分为平面贴袋和立体贴袋。贴袋的形状、位置、大小变化灵活自由，在休闲装、童装、工装的设计中应用较多，具有休闲随意的特点。

挖袋：挖袋是将衣片剪开形成袋口，又称开袋、嵌牙袋。挖袋的工艺可分为单嵌线、双嵌线，有盖袋和无盖袋。挖袋视觉效果规整含蓄、简洁明快。

插袋：插袋是在两片衣缝中插入的一种口袋。又称暗插袋、夹插袋。插袋分为直插袋、斜插袋、横插袋。插袋的特点是袋口和袋布都隐蔽，不影响服装的外观整体感（图3-62）。

图3-62　以衣袋为设计点

2.以部件为主的设计方法

①夸张

对部件造型的夸张：造型的强调就是把造型作为服装整体中的设计重点，而其他的设计要素是从属地位，是被弱化的，以突出造型的概念，使人对形更加关注。

图3-63　以部件为设计点 李玲玲

②强调

强调就是为了加强表现部件的特征，以引起视觉上的关注。强调是通过与其他设计元素的对比衬托出部件的元素。

对部件色彩的强调：色彩的强调就是服装部件的色彩，以服装整体色彩进行对比搭配处理，从而达到强调的目的。

对部件面料的强调：通过对部件面料进行褶裥、层叠、石磨、雕花、镂空、拼接、绗缝等工艺的处理，使面料产生特殊的肌理效果，形成部件服装整体中的关注重点，达到强调的目的。当然，这时服装中的其他设计要素要处于从属地位，如色彩、装饰的作用不能超过面料的设计作用。

对部件装饰的强调：对部件装饰的强调通过刺绣、印染、钉珠、折叠、花边、镶边形成图案装饰，在纹样、材质、色彩、大小、题材上变化，达到部件装饰强调的作用（图3-63、图3-64）。

图3-64 以部件为设计点 李玲玲

[实训练习]

◎ 以强调服装的部件为重点，在本小节图例中拓展变化出各3款服装的设计。

实训目标：

◎ 体现服装的部件为重点的设计意图明确。

四、以面料和工艺为设计点

材料是形成服装风格和构成服装内在品质一个重要的因素。材料的设计运用是创新设计的一个重要手段，对于消费者来说，以新颖的材料设计和对面料的二次设计为亮点的服装更能受到他们的关注和喜爱。

以材料为设计点的设计方法，一是直接利用面料的特征作为设计点，这种方法能反映原本材质的风格特征。二是通过对面料的工艺处理等二次设计的方法，使服装更具有丰富的肌理效果，服装面料原本的色彩、纹样、组织构造、肌理质感等风格，经过工艺二次处理增加了服装的可视性，丰富了服装的表现风格。

服装面料对服装风格的作用：

面料属性	面料风格	服装风格
色彩特征	鲜艳、淡雅 深沉、明快	前卫、古典 传统、现代
光泽特征	亮丽、华美 暗淡、柔和	精致、奇异 性感、平庸
艺术特征	浪漫、抽象 写实、夸张	新颖、流行 古板、保守
审美特征	温暖、凉爽 热烈、冷静	优美、和谐 华丽、高雅
材质特征	厚实、粗犷 细腻、柔软	庄重、浪漫 朴实、轻柔
象征特性	高级、优质 普通、低档	权威、庄重 高贵、简朴

1.以面料的特征为设计点

以面料为设计点的方法能更好地体现材质面料的特征，把这一特征变为服装整体中的设计关注点、设计重点去体现。直接应用设计的关键是面料本身必须有独特的面料风格，这风格体现在面料的色泽、肌理、组织、结构上有自己的特点。

单纯的款式造型已不能满足现代人对服装的审美需求，服装材料的材质、肌理、色泽比单纯的款式变化更能体现出服装的内在品位。运用面料材质的设计，也是现代品牌服装企业体现自我风格重要的设计要素。从消费者角度看，服装材质的材料及风格价值也是重要的考虑因素（图3-65～图3-68）。

常用服装面料的特性：

类型	品类	特征
无光泽面料	粗花呢、大衣呢、灯芯绒、拉绒布 海军呢、羊绒，女式呢等	色彩表情沉稳、厚重，给人沉着、朴实、舒适的感觉
光泽面料	丝绸、锦缎、人造丝、皮革、涂层面料 缎纹组织结构的软缎、绉缎和横贡缎等	光泽柔和细腻、质地华丽高雅
厚重型面料	大衣呢、麦尔登呢、海军呢、制服呢 法兰绒、粗花呢等	质地粗犷，保暖性好
绒毛型面料	灯芯绒、平绒、乔其绒以及动物毛皮和人造毛皮等	丰硕饱满，质地厚实，耐磨性好，保暖性强 手感柔软而富有弹性
柔软型面料	针织面料、丝绸面料	轻薄、悬垂性好、手感轻爽、穿着舒适 造型线条流畅而贴体
平面型材质	细麻纱、巴厘纱、绸缎等	表面较细腻、光滑而平整

图3-65　光泽面料

图3-66　绒毛型面料

图3-67　柔软型面料

图3-68　厚重型面料

2. 面料的搭配

①同一材质的应用：对特征性强的材质，运用单纯、结构、重复、渐变的方法进行服装的设计。单纯的方法适宜简约风格的服装，款式的造型、结构、色彩、装饰减到最少化，强调材质面料特征；结构的方法就是用同一材质面料，在服装上进行结构线的设计，其他的色彩、装饰也减到最少化，以突出面料结构特征；重复和渐变的方法就是运用材质面料本身进行分割，然后进行重复和渐变的综合，产生材质面料在服装上的韵律美感（图3-69）。

②同一材料的不同肌理的搭配：在同一材料基础上，运用不同肌理，产生不同的肌理对比效果，以丰富服装面料的质感，可打破同一材质的单调、乏味之感，创造出新的视觉效果。这种搭配形式包括：同材不同质的搭配、同材质和不同色彩的搭配（图3-70）。

③不同材质和肌理的搭配：不同材质和肌理的搭配手法可以使服装的内在组织、纹理、色泽、结构产生丰富的效果。比如同颜色的立体面料与平面织物的组合，厚与薄的组合，凹与凸的组合等，都会在颜色和质感上产生丰富的变化。但由于材质元素较多，易产生杂乱无章、眼花缭乱之感，所以应注意统一协调性、搭配有主有次，主要的材质应符合主题风格。

图3-69　体现材质特征的设计

图3-70　同一材料的不同肌理

3. 以对面料进行工艺处理为设计点

对面料的工艺处理就是通过褶、裥、钩、拼、编等手段使服装的表面具有丰富的肌理效果。主要的方法有：

①褶裥：褶是部分衣料缝缩形成的自然折皱；裥是衣料折叠熨烫而成的有规律、有方向、有折痕的褶子。褶裥打破了面料上的平板，给人一种形状、体积的视觉，规则褶裥具有起伏、律动美感；不规则褶裥具有活跃、轻松的感觉；大褶裥的运用使着装具有宽松自如的作用；小褶裥具有装饰作用；褶裥的曲直能调整服装的视觉效果。

褶裥多运用于女装及儿童装的设计，常给人以浪

图3-71　以裥为设计点　李玲玲

漫、流畅、动感十足的效果。在男装中，褶裥的应用多在休闲类和衬衫中，职业装设计的褶裥的应用注重功能性设计方面，为动作及活动提供更大的空间，因为褶裥的放松量大于省道造型的放松度（图3–71、图3–72）。

主要的褶裥有（图3–73～图3–77）：

活褶——不烫死的褶裥，在衣片的某一部分或全部打褶，形成可以张开的活动褶纹，多用于裙腰、裤腰、领、袖、衣身等。

褶边——以很密集的褶裥缝在滚边下形成，属装饰性的边缘。

放射褶——以圆心点呈放射性的褶裥。

松紧式活褶——以皮带收紧，这样有弹性而非固定的活褶。

风琴褶——细而直的褶裥，与风琴的形状相似，间距相等。

刀褶——与风琴褶很相似，宽度随意，但褶子倒向一个方向。

抽褶——在衣料后衬布条缝成通道，内穿抽绳或橡皮筋用来收束衣料，形成活动自然的褶边。

塔克褶——纯粹装饰性的褶裥，间距可随意设计。

褶裥压明线——褶裥的一部分缉压明线以固定形状，与无压线处形成松紧对比。

箱式褶（盒形褶）——由两个倒向相对的平褶形成。面料在两边均衡地折叠，褶裥的边缘在后面中间对齐。

反褶——在面料反面的对褶，正面看到面料褶边的边缘对齐。

荷叶边——即呈波浪形状的褶皱边，圆形或直形裁剪的布条拉开缝在缝子里，可以是各种宽度。

皱褶——缝上细的橡皮筋线而使面料抽紧，形成膨胀的效果，可根据所要效果缝多道。

碎褶饰边——用直条斜纹面料抽紧固定在底摆或衣片的某部位，形成自然随意的装饰性边缘。

②绗缝：在面和里之间用线缝出等长或长短不一

图3–72　褶裥的应用

图3–73　以抽皱为设计点

图3–74　以刀褶工艺为设计点

图3-75 以压褶工艺为设计点

图3-76 以放射褶工艺为设计点

图3-77 以荷叶边工艺为设计点

的线迹，中间可填充材料后产生凹凸的浮雕效果，具有保温和装饰双重功能。

③拼接：把各色面料裁成各种形状小片，再重新缝合或拼接不同质感的装饰材料，形成新的整体图形效果（图3-78）。

④镂空：按照设计好的图案形状，通过剪绢、打孔、图案透刻切等方法对面料进行改造。传统的做法是镂空绣，又称为雕绣；现代机绣工艺可以大批量生产镂空面料；现代热熔定型工艺可以防止一些化纤面料切口产生毛边，使用雕花工艺就可以直接在底布上镂空出各种精致的花纹（图3-79）。

⑤层叠：通过手工或机器，把几层相同或不同的面料重叠在一起，体现层次感（图3-80）。

⑥钩编处理：用不同纤维材料的线、绳、带、花边等，通过编织、钩编或编结等各种手法，形成各式疏密、宽窄、凹凸不同的组合造型和纹样变化，织出不同肌理的面料。

⑦石磨：即牛仔服粗斜纹布的水洗处理工艺。石磨水洗一般以浮水石放入工业用重型洗衣机，同服装一并洗涤，营造自然均匀的“做旧”效果，并且使原来粗硬的服装变得柔软舒适，色泽耐看。

图3-78 以拼接工艺为设计点

图3-79　以镂空工艺为设计点

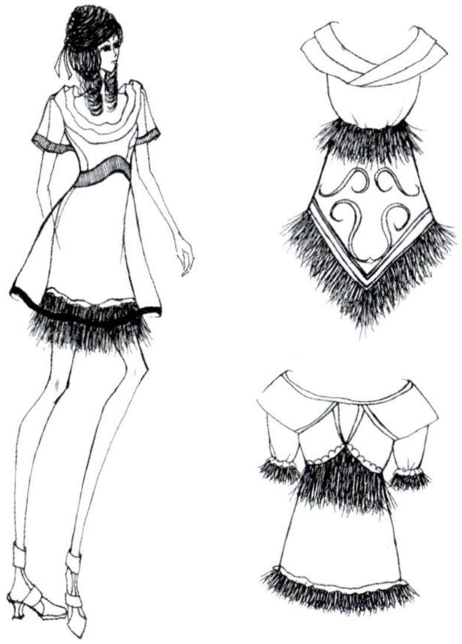

图3-82　以流苏工艺为设计点　钟金妙

图3-80　以层叠工艺为设计点

图3-81　以流苏工艺为设计点

图3-83　以面料为设计点 余云娟

⑧流苏：连接衣片下口或下摆的条状装饰（图3-81、图3-82）。

⑨破坏性处理：即破坏面料的组织，产生无规则的刮痕、穿洞、破损、裂痕等无规律的效果，如抽丝、烧花、烂花、撕裂、磨损等处理。

以面料和工艺处理为重点的设计图例（图3-83～图3-88）。

[实训练习]

◎　以面料的特征为设计点及以面料进行工艺处理为设计点的设计各三款。

实训目标：

◎　使所设计的服装具有面料的特征及工艺特征，但同时具有成衣的实用性。

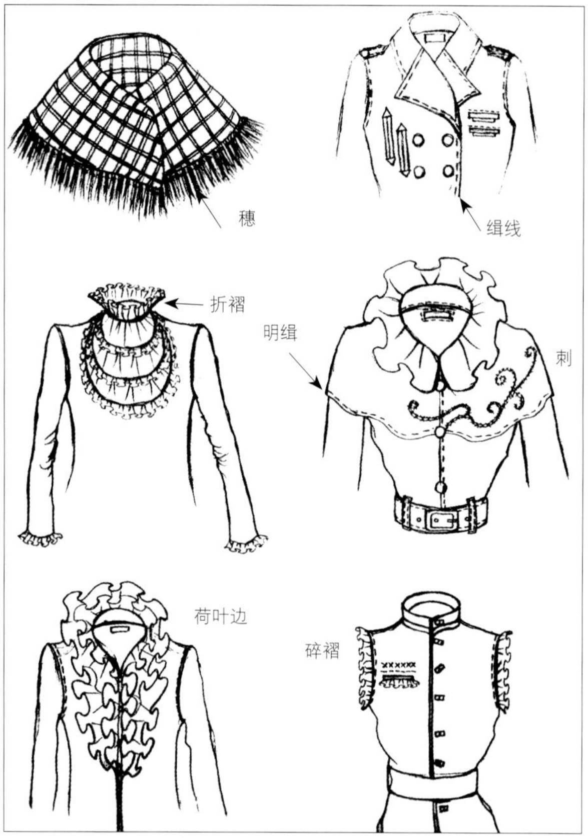

图3–84 各种工艺细节的设计 钟金妙

图3–85 各种工艺细节的设计 钟金妙

图3–86 以活褶为设计点 钟金妙

图3–87 以结形成的褶为设计点 李玲玲

图3–88 荷叶边及自然的褶 李玲玲

图3–89　以装饰面料为设计点

五、以装饰为设计点

以装饰为设计点就是在成衣所有运用的设计元素中，装饰是主要的，占的比重最大，在服装中起着美化、点缀、烘托、渲染、形成风格的作用。

成衣的装饰有几种类型。一是服装的图形纹样，如：镂空、堆叠、绣花、钉珠、手绘、印刷、织花、烙印等形成的图案，是最直接的装饰。二是构成服装整体的相关要素所形成的装饰，如：服装面料上的图案、服装面料的分割构成形成的图形。三是服装配件搭配所形成的装饰图形，如：服装的配件服饰、首饰、帽、袋、项链、眼镜、领带、腰带、围巾、手套、手饰、脚饰、鞋、靴、袜及化妆等形成的空间视觉图形。

以装饰进行的成衣设计可以提升产品的个性化外观，形成产品的附加值差，增强产品的竞争力（图3–89、图3–90）。

1.装饰图案的素材

在进行装饰图案设计之前，首先要明确服装定位的内容，然后考虑装饰图案在服装设计要素中的作

图3-90 以图案为设计点

用，分清是以装饰图案作为主要的设计要素，还是作为补充性的设计。对于图案的设计要有基本的素材进行借鉴和应用。服装装饰图案的素材来源，主要有以下几个方面：

①自然界素材

如：自然界的云彩、森林、花卉、动物等。

②几何抽象形素材

如：具有现代工业设计特征的方形、圆形、三角形、菱形、多边形。

③传统图案素材

中国传统图案将内涵意义与表现形式融为一体，图案规整，飘逸含蓄、内敛统一。如：传统的花卉装饰图案、动物装饰图案、自然景物图案、字形装饰图案、几何装饰图案及“八吉祥徽”、“汉八仙”、“国珍七宝”、“吉祥四瑞”等主题图案，内容丰富，寓意深厚。

西方图案具有自然奔放、灵动洒脱的特征。西方图案素材很丰富，如：古埃及墓壁画、寺庙壁画、浮雕画的人物图案；波斯图案；欧洲文艺复兴时期的图案；巴洛克图案；苏格兰花格图案等（图3-91、图3-92）。

2.成衣装饰图案的设计原则

符合成衣的设计定位：从商品角度来看，成衣设计是根据品牌的定位进行风格的定位，而品牌风格的定位是根据消费群体的需求进行定位的。服装风格一旦确定下来，那么服装的款式设计、色彩的配置、工艺的设计、面料的选择以及装饰图案的设计必须符合定位服装的风格。

具有符合时代要求的创新性：以图案为设计点的成衣设计，创新是体现图案装饰价值以及服装价值的重要手段。服饰图案如果缺少了创新性，也就失去了

图3-91　装饰的素材的运用

图3-92　以图案素材进行设计 李婉

服饰图案设计的价值和意义，但这创新是在符合时代要求的前提下的。服饰图案的创新性设计要符合实用性，创新性和实用性是服饰图案设计不可分割的两个方面。

协调性：服装装饰图案的设计，从细节到整体都是有关联的设计，而不是孤立的设计，它是与服装、与人、与环境的统一。在与服装的搭配中，图案的题材、内容、材料、设计风格要与服装的风格整体统一协调；装饰图案与着装者的性别、年龄、气质、民族也要统一协调；装饰图案与着装环境、时代特征也要统一协调。

可产品化：服饰图案的设计最终要通过生产来实现，所以在设计时要考虑材料的选择、工艺生产的可行性。在设计的时候对实现装饰图案的材料及性能要有所了解，对生产工艺的手段要有所掌握。还有掌握图案材料与服装面料的搭配可行性，对不同的材料要尽可能发挥材料的特长，做到物尽其用。

3.基于面料图案的成衣设计

当面料具有很独特的图案风格时，此时的成衣设计就以体现面料的风格为主，并注意以下问题。

①单向图案：单向图案就是具有方向性的图案都朝一个方向，其优点是方向统一，视觉稳定性好。但在排料中不能倒插，所以衣料的用量较多，所以不适

用于做普通的成衣。

②双向图案：双向图案是具有方向性的图案不按一致的方向排列，或左右，或上下，或斜排都有。由于图案是分散状态，所以并不能给人以流畅的感觉。由于排料不受限制，衣料的用量较少，所以应用广泛，可以在不同的服装上应用，如童装、休闲装、女装等。

③布边图案：布边图案就是在面料的一端印有图案，或是在一端的图案往另一端方向渐变，产生层次感。衣料的用量要比单向图案的要多一些，而且由于图案花样在布的一端，也是单向图案的一种，因此面料的排料受到一定的限制。

④连续图案：即四方连续图案，是市场上应用最多的一种图案面料。直线排列的构图，会形成整齐的安静的感觉；曲线的排列会形成有节奏的效果；斜的排列具有动感；小花纹形成的排列，具有轻快感；大花纹图案的排列，具有视觉冲击感。

4.服饰图案装饰部位

①衣边装饰：衣边装饰包括领口、袖口、襟边、口袋边、裙边、裤脚边、侧缝部、腰带、下摆等部位的装饰。如果衣边装饰图案与服装整体色调形成反差，可增加服装的轮廓感、线条感，具有典雅、秀丽、端庄的特点，使服装款式结构特点更突出。但在现代时装设计中，如果应用不当，会给人一种保守、陈旧、墨守成规的感觉（图3–93）。

②胸背装饰：胸背部位是服装的中心视点部位，成为传统的、经典的服装图案装饰重点部位。因为胸背部位其面积比较大，所以图案的大小、形状的设计不受到太多的限制。以图案作为设计重点的手法，图案的题材和色彩、装饰形式、装饰工艺是服装风格形成的重要因素。由于胸背部位的图案装饰比较突出，所以图案往往是独立纹样为主，在视觉上具有很强的独立性，在图案的设计上要注意图案的完整性（图3–94）。

图3–93　衣边装饰

图3–94　胸背装饰

③满花装饰：满花装饰就是在服装中进行不留空白的装饰，其特点是饱满丰富，在平面的面料中呈现纹理细节的变化，打破单调、平淡的服装效果，服装整体显现活泼的气氛。这种方法往往直接运用服装面料的图案进行装饰，注意从大的视觉出发选择图案的面料，使面料图案、设计元素做到整体效果与服装既定的风格相统一。

满花装饰要注意服装之间的搭配，以免服装由于过量地使用满花变得单调、乏味，如上装与下装做搭配的变化，上装是满花装饰，下装则用单一的色彩，在明度和纯度上与上装有不同的对比，来达到变化和协调的效果。

④局部装饰：局部装饰具有点缀、突出重点的作用，与胸背部的装饰不同，它是属于面积比较小的一种装饰，往往用在服装需要强调、醒目的部位，如胸部、领部、腰部等，或是服装由于结构的变化产生的结构块面，如服装上胸部分割成几部分，那在其中的块面部分进行图案的装饰，则可以得到变化的效果。

服饰图案的局部装饰必须与服装整体搭配、协调，装饰的部位按照中心的位置可以得到稳重的效果，但如果其他的设计要素变化不大则显得保守，如果装饰重心偏离视觉中心，可以得到具有创新、前卫的效果（图3−95～图3−97）。

图3−95　局部装饰

图3−96　局部装饰

图3−97　局部装饰

5.装饰图案的工艺处理

①绣花工艺

彩绣：一般指以各种彩色绣线绣制花纹图案的刺绣技艺，具有绣面平整、针法丰富、线迹精细、色彩鲜明的特点。

包梗绣：先用较粗的线打底或用棉花垫底，以便使绣出的花纹隆起，然后再用绣线刺绣。包梗绣秀丽雅致，富有立体感，装饰性强，

雕绣：在绣制过程中，按花纹需要修剪出孔洞。

贴布绣：将其他布料剪贴绣缝在服饰上的刺绣形式。布与绣面之间衬垫棉花等物，使图案隆起而有立体感。

钉线绣：把各种丝带、线绳按一定图案钉绣在服装或纺织品上的一种刺绣方法。

珠片绣：将空心珠子、珠管、人造宝石、闪光珠片等装饰材料绣缀于服饰上，以产生珠光宝气、耀眼夺目的效果。

抽纱绣：根据设计图案的部位，先在织物上抽去一定数量的经纱和纬纱，然后利用布面上留下的布丝，用绣线进行有规律的编绕扎结，编出透孔的纱眼，组合成各种图案纹样。

②印花工艺

印花工艺包括机器印花和手工印花。机器印花指运用滚筒、圆网和丝网版等设备，将色浆或涂料直接印在面料或衣料上，形成多套色或单套色的印花图案。机器印花色彩较为丰富，丝网手工印花相对套色较少，但自

由、个性，适合于特色服装的局部装饰。

③手绘工艺

选择相应的染化材料和绘画工具，直接绘制在丝绸、棉布等面料上染绘，手绘的纹样色彩绚丽而抽象。

④扎染工艺

扎染是人类较早掌握的材料加工工艺，是民间传统手工艺之一，是将面料用绳线捆扎或用针缝，或将其他形状的材料进行捆、卷、绑、缝、夹、扎后，结合染色而制成。面料经过扎染后，纹样和色彩具有意想不到的水彩晕色般的效果。

⑤蜡染工艺

以蜡为防染剂，用笔、特制蜡片或蜡壶描绘图案，之后进行染色。蜡染既可表现线的流畅，又可表现块面的结实。制作过程中，由于蜡的脆弱，形成了美丽自然的冰裂纹，这是蜡染艺术最具特色的表现。

⑥浆染工艺

我国民间俗称的"蓝印花布"使用了典型的浆染技法。它是在雕花版的漏孔灌入豆粉和石灰粉合成的防染剂，然后将它们按图形印在布上，起到防染作用。

⑦缉明线装饰

用明线缉出装饰性的图案或花边，工具简单，使用一般的缝纫机即可。缉明线具有朴实的效果。

以装饰为设计点的设计实例（图3-98、图3-99）。

[实训练习]

◎ 用自然界素材、几何抽象形素材、传统图案素材进行衣边装饰、胸背装饰、满花装饰、局部装饰或其他部位的装饰设计3款。

要求：按产品设计图的要求作结构设计稿，在装饰的部位进行简化的图案设计，并附上一张1：1大小的装饰图案设计彩色稿，要体现出装饰在服装整体中的重点作用。

图3-98 以装饰为设计点 李建威

图3-99 以装饰为设计点 李秀叶

第四章 成衣的分类设计

本章重点 >>

本章以市场上常见的成衣进行分类介绍，有男装设计、女装设计、休闲服装设计、牛仔服装设计、儿童服装设计、内衣设计。

学习目标 >>

通过本章的学习，学生应了解各类成衣的特点，掌握它们的设计方法，使设计更有市场的针对性。

建议学时 >>

24学时。

第四章　成衣的分类设计

第一节 ///// 男装设计

一、职业男装

有着传统男装中的品味，服装的细节保存着深厚的历史和文化信息，款式大方得体，色彩高雅含蓄，服装材质与做工考究，在公共场所塑造成熟、稳重、高贵、优雅的形象。在着装中不过于追求时尚，也不落后于潮流，与女装相反，是以稳定求变化，在纷繁多变的女装衬托下，更显出男装的庄严和稳重。职业男装的品类有西装、套装、大衣、衬衣、马甲、西裤、领带。

款式造型符合传统审美观念的，以人体特征为基础，宽松量适中。

图4–1　职业男装

色彩以具有饱和度偏中性，纯度较低，具有成熟品味特征。工艺讲究，板型合体大方（图4-1）。

二、休闲男装

追求自然、宽松、舒适、纯和的生活方式与着装概念。款式多使用体现宽松的造型和简洁的线条，如宽松的大码休闲装、两粒扣套头针织小翻领毛衣、短装皮夹克、束腰长风衣、水洗布休闲裤、直筒牛仔裤、棕色大头皮鞋和各种品牌设计合理的运动装、运动鞋等。色彩在纯度、色相、明度上以流行或个性化的设计为主，如米色、棕色、土黄、驼色、天蓝。时尚休闲服多采用棉织物、针织物等面料。结构具有组合特点。领形、袖子和口袋的设计强调独特性。休闲男装的装饰多样化，题材、色彩、形式不受到限制（图4-2、图4-3）。

三、时尚男装

追求新潮的、个性化和具有现代设计元素特征的服装，是时尚潮流的向导。在讲究品质和品味的同时，他们决不刻板守旧，而是乐于接受新鲜事物，造型线形变化较大，强调对比因素的运用，局部夸张，在形、色、质上追求一种标新立异，形成自己的个人风格，是个性较强的服装风格。时尚男装的品类有：套装、牛仔服、T恤、衬衣、长裤、便裤、领带等（图4-4）。

四、运动男装

一是指足球服、狩猎服、自行车服、泳装、高尔夫服、骑马服、登山服、滑雪服、棒球服、橄榄球服等；二指进行健身锻炼的运动套装、休闲运动裤、连帽套衫、T恤等；三是指参加旅游或户外运动的服装。运动男装多使用块面造型和线条造型，而且多为对称造型，款式自然宽松，便于活动。色彩在纯度、色相、明度上可进行大对比的设计，或以明亮色、白色为基调，配以色彩鲜艳的条格红色、黄色、蓝色等，或以鲜明的配色为设计元素，达到明快、活泼、激情的效果。运动风格的服装多采用针织物、棉织物等面

图4-2　休闲男装设计　李玲玲

图4-3　休闲男装设计　李玲玲

料，尤其重视使用功能性材料。面料多用棉、针织或棉与针织的组合搭配等。在设计细节上常采用缉明线、拼贴等手法。多用分割线、装饰分割线在服装各部位进行设计，结构具有块面特点（图4-5）。

图4-4　时尚男装

图4-5　运动装设计　李玲玲

[实训练习]

◎　实训任务：

根据本节内容，选出2种男装类型进行各2套的款式设计。

◎　设计要求：

有明确的设计点及设计目标定位。

◎　设计评价：

1.设计与定位风格的一致性；

2.所设计的产品是否具有创新点；

3.产品设计是否具有成衣的特点，是否符合市场消费者的要求；

4.产品的设计是否具有生产的可行性，工艺技术是否能实现。

第二节 女装设计

女装的设计更注重款式与风格的设计，所以女装类的设计就以风格入手。从服装史来看，其风格不计其数，代表地域特征的服装风格：如土耳其风格、西班牙风格；代表某一时代特征的服装风格：如中世纪风格、爱德华时期风格；代表文化体特征的服装风格：如嬉皮风格、常春藤合会风格；以人名命名的服装风格：如蓬巴杜夫人风格、夏奈尔风格；代表特定造型服装风格：如克里诺林风格、巴瑟尔风格；体现人气质、风度和地位的服装风格：如骑士风格、纨绔子弟风格；代表艺术流派特征的服装风格：如视幻艺术风格、解构风格等。

一、经典风格

经典风格服装指的是运用传统的或者在某个时代、某个时期具有代表性的服装要素进行设计而形成的服装风格。经典风格的服装整体效果端庄大方，具

图4-6 经典风格

图4-7 经典风格 李玲玲

有传统服装比较成熟的特征，工艺特征讲究，体现穿着品质。经典风格的服装相对流行服装而言比较稳定，追求品味和高雅，文静而含蓄，是以高度和谐为主要特征的一种服饰风格（图4-6、图4-7）。

造型：符合传统审美观念的，以人体特征为基础的，体现稳重的X形、Y形、A形。体现收腰，下摆展开，宽松量适中。

色彩：色彩以具有饱和度偏中性，纯度较低，具有成熟品味特征的藏蓝、酒红、墨绿、宝石蓝、紫色等沉静高雅的古典色为主。

面料：面料多选用传统的精纺面料，花色以彩色单色面料和传统的条纹和格子面料居多。

工艺：工艺讲究，板型体现高雅、端庄、大方的特征。

结构：使用常规的结构线，如公主线、腰省线等，用结构线做装饰的不是很多。

部件：常规的领形、袖子和口袋，形状、量态、大小、位置变化和流行有一定的关系。

装饰：在关键部位如领子、胸部进行局部的绣花或装饰配件进行点缀。

二、前卫风格

前卫的服装风格就是打破传统和经典的设计，追求新潮的、个性化和具有现代设计元素特征的服装。前卫风格受波普艺术、幻觉艺术、抽象派别艺术及街头艺术等影响，造型特征以解构为主，线形变化较大，强调对比因素的运用，局部夸张，在形、色、质上追求一种标新立异，是个性较强的服装风格（图4-8）。

造型：前卫风格在造型上可同时使用点、线、面、体四种基本元素，造型元素的组合以变异、打

图4-8 前卫风格

图4-9 中性风格

散、交错、重叠为主，可大面积使用点造型，而且排列形变化多样。使用体造型也是前卫风格的服装中经常使用的元素，尤其是局部造型夸张时多用体造型表现，如多层半浮雕、立体形、膨体等。

色彩：对比强烈，在明度、纯度、饱和度上进行多重的、跨度大的对比。

面料：以具有新时代特征的时髦面料为主，突显奇特新颖、色彩刺激的效果。如各种有光亮的真皮、仿皮、牛仔面料及上光涂层面料等，面料不受到品种、品类的限制。

工艺：缝、绣、结、拼、粘、贴等传统的、新技术结合运用。

结构：用不同形式的线造型，结构线、分割线、装饰线均有，整齐的线条排列较少。

部件：领形、袖子和口袋，在形状、量态、大小、色彩、位置变化上都可以进行夸张的创意的设计。

装饰：在服装的主要位置和关键的部位用不同的材料进行，主要是为了达到幻觉的、新颖的效果。

图4-10　中性风格　李玲玲

三、中性风格

中性的服装风格，一是指女装中应用具有男装特征的一些元素与女装中的一些柔性元素进行结合设计，具有一种柔美中透出阳刚的气质；二是指服装的特征没有呈现性别特征的倾向，服装的款式男女都可以穿着，此类服装多为大众类型的，如T恤、运动装、职业装、夹克装、牛仔裤等（图4-9、图4-10）。

造型：女装中性风格的造型多以软硬结合为主，追求在刚与柔、直与曲、硬与软之间的结合，如硬朗的领形结合曲线美感的款式线条。而普通的中性服装款式是一种在常规服装款型中无倾向性的设计。

色彩：色彩避免使用给视觉带来疲劳感的纯度高的色彩，以轻快、明快、中性的色彩为主，比较明朗单纯。

面料：面料多为精纺面料、天然面料、针织面料、牛仔面料。

工艺：工艺板型体现合理。

结构：结构线、分割线、装饰线以直线为主。

部件：领形、袖子和口袋的设计具有自然、合理中性化的特点，部件的量态、大小、位置变化的设计以实用和恰到好处为主。

装饰：女性的中性服装可运用小部分的图案、刺绣、花边、缝纫线等进行装饰。

四、简约风格

简约风格是一种尽可能运用最少的设计元素通过别致的设计，达到简洁而不简单的效果。设计中尽可能使设计元素高度集中，设计元素种类、性质和量态尽可能减少，但应避免简陋或简单的问题（图4-11、图4-12）。

图4–11　简约风格

图4–12　简约风格　钟金妙

造型：形态简洁但具有特点，以避免出现简单的结果。越是简单的越是难设计的，这就要求简约风格服装在造型设计中，要以某个要素或部件进行具有独特性的设计。

色彩：色彩避免使用太多的颜色，在明度、纯度上尽可能减少对比，以视觉舒适的中性色彩为主，比较明朗单纯，受到流行的影响。

面料：面料追求质感上的软硬适中，具有表面肌理变化的天然面料、混纺面料。

结构：简约风格的服装在内部上的结构变化不多，没有太多的分割结构线和装饰线。

部件：领形、袖子和口袋的设计遵循作为一个关键点的设计，并且只择其一，以达到简洁的目的，关键点的部件设计要自然、合理、恰到好处，形状变化以统一于服装的简约风格为主。

装饰：简约风格的服装在服装的主要位置和关键的部位进行装饰的不多，运用的也是进行点缀性的。

五、民族风格

从民族服装中获取设计灵感，利用民族文化、习俗等元素在现代服装中运用的一种风格。运用民族文化元素结合于现代的服装设计中，使服装赋予了人类历史文化价值内涵，而不只是单纯的消费品和生活用品。用民族元素进行设计，是目前服装界重要的设计手段，也得到了消费者对民族文化的认同（图4–13）。

造型：款型是民族服装的一个重要设计要素，不同民族服装的造型给服装的风格带来直接的影响，各民族服装的造型都有较大的差异，所以民族风格的服装款式运用比较灵活，不受固有款式的影响，可根据需要的民族风格进行参照设计。

色彩：民族服装的最大特点就是色彩比较单纯，而且很多都是大面积的运用。民族服装第一印象就是色彩，如果直接运用这一特点到现代民族风格的服装

图4-13　民族风格　李秀叶

设计中，就会感觉设计的独创性不强，还脱离不出原物的影响，所以现代民族风格的服装设计都是有选择的色彩运用，通过与中性色彩的结合、对比来体现传统与时尚的统一。

面料：民族风格服装的面料采用尽可能体现朴实、自然的感觉，大多运用天然的棉、麻、毛、丝材料，并尽可能体现人工工艺效果的面料质感，体现具有纹理特征的面料材质。

工艺：民族风格服装采用缝、绣、结、拼、粘等传统的、与新技术结合的工艺，以体现传统与民族的内涵和韵味。很多民族服装都有自己的工艺特点，如开衩、镶边、缺口、抽褶、嵌条、流苏等。

结构：民族风格服装的结构比较简单，大多是在服装的常规结构上，如门襟、开衩等。

部件：民族风格服装的部件是很能体现风格特征的设计要素，很多民族服装的风格体现往往在领子、袖子和口袋上，所以把握部件的特点，经过变化设计就能保持民族服装的风格特点。

装饰：在民族服装元素或民族文化元素的设计中，常利用面料、色彩、图案、花纹的风格特点来表现服装的整体风格，这是形式上的运用层面；在内容层面上具体表现为面料、色彩、图案、花纹所包含的象征意义，甚至某个故事流露出民族、民俗文化的气息和韵味。

六、活力风格

活力风格是以体现一种健康、轻松、活泼、舒适、青春、激情的服装，是现代生活方式在服装中的一种体现。活力风格具有运动风格的特点，满足对生活追求健康的消费群体需求（图4-14）。

造型：运动风格服装多使用块面造型和线条造型，而且多为对称造型，线造型以圆润的曲面和平挺的直线居多。面造型多使用拼接形式而且相对规整，点造型使用较少。轮廓自然宽松，便于活动。

色彩：色彩在纯度、色相、明度上可进行大对比的设计，以明亮色、白色为基调，配以色彩鲜艳的条格红色、黄色、蓝色等，以鲜明的配色为特征，以达到明快、活泼、激情的效果。

图4-14　活力风格

面料：运动风格的服装多采用针织物、棉织物等面料，尤其重视使用功能性材料。色彩面料多用棉、针织或棉与针织的组合搭配等可以突出机能性的材料。

工艺：在设计细节上常采用缉明线、拼贴等手法。

图4–15 优雅风格 李玲玲

结构：活力风格服装结构清晰，多用分割线、装饰分割线在服装各部位进行设计，结构具有块面特点。

部件：领形具有运动服装的特点，袖子和口袋的设计强调各自的独特性，与硬朗的整体效果协调统一，加以适当的夸张或变异的设计。

装饰：以少量装饰如小面积图案、商标形式体现。

七、优雅风格

优雅风格符合较成熟女性穿着的服装，具有雅致、优美、洗练、端庄的特点，服装追求品质与华贵，并具有时尚与经典的融合，面料、工艺、装饰考究，色彩以具有品味和内涵的中性色为主，服装整体效果优雅稳重（图4–15、图4–16）。

造型：款型在简洁和隐约中突出体现女性优美线条，以曲线造型为主，以悬垂性自然地衬托出女性关键部位，如肩部、胸部、腰部、臀部的性感部位。

色彩：颜色多采用柔和的、视觉感舒适的中性色调，配色常以同色系的色彩以及过渡色为主，较少采

图4–16 优雅风格

图4–17 淑女风格

用对比配色。

面料：用料高档讲究。以柔软、悬垂性的面料来表现女性优美的线条；利用面料的柔性、悬垂性自然地塑造出女性的优美、文雅的气质。

工艺：在细节部分运用抽褶的形式使高雅时装更具有动感。

结构：优雅风格的服装在内部上的结构变化不多，没有太多的分割结构线。

部件：领形、袖子和口袋的设计遵循与整体服装风格统一协调的设计，服从整体效果，不能进行夸张或变异的设计。关键点的部件设计要自然、合理、恰到好处。

装饰：可运用图案、刺绣、花边、缝纫线等在关键的部位进行装饰，以达到点缀的效果。

八、淑女风格

淑女风格的服装具有轻柔女性化的造型，以恰到好处的曲线，体现现代淑女的内柔外刚、刚柔相济、纯洁真挚的形象，以雅致温馨的色调表现出女性娴静温柔、含蓄内敛、气韵迷人而又遵循自然的诱人性感，常用一些可爱的小装饰营造清纯的女孩气息（图4–17～图4–19）。

造型：在廓形上长短适宜，以曲线条为主。

色彩：色彩以雅致温馨偏中性的浅色彩或中明度色调为主。

面料：以轻柔的面料为主，天然与化纤结合。

工艺：常采用明裥、暗裥、顺裥、抽褶、自然褶、对褶、压线褶、堆砌褶、波浪褶的工艺体现女性化的装饰化特点。

结构：以曲线作为装饰结构，可配以蕾丝进行结构装饰。

部件：领形、袖子和口袋的设计强调女性化的造型，与淑女的风格协调统一。

装饰：多用绣花、钉珠、配饰等在关键的部位进

图4–18　淑女风格　钟金妙

图4–19　淑女风格　李玲玲

行点缀装饰。

九、刚性风格

刚性风格是在女性服装中融入阳刚气息元素的服装风格。通过男性化特征的倾向，衬托出女性青春、活泼、优美动人的魅力，是一种硬与软、刚与柔的对比。设计基本元素多用直线和块面，以体现硬朗的服装部件与优美的人体曲线美的烘托效果，用男装风格表现女性的妩媚（图4-20、图4-21）。

图4-20　刚性风格　李玲玲

图4-21　刚性风格

造型：在廓型上以直线条为主，品类以正装、夹克、裤子、大衣居多。通常采用独具英国绅士风格的面料，有厚重感。

色彩：色彩以中性的、饱和度低的沉稳色调为主，如不同色彩的、不同深度的中性色系列。

面料：以体现质感的、偏厚实的面料为主，精细与粗糙、天然与化纤结合。

工艺：在设计细节上常采用缉明线、贴袋等手法，体现出干练、严谨、高雅的品位。

结构：刚性风格服装结构明朗，块面清晰，多用分割线、装饰分割线在服装各部位进行设计，结构具有建筑框架特点，有现代点、线、面构成设计的效果。

部件：领形、袖子和口袋的设计强调各自的独特性，与硬朗的整体效果协调统一，加以适当的夸张或变异的设计。

装饰：多用缝纫线以强调缉缝效果，多用于领形、袖子和口袋的边缘上。

[实训练习]

◎　实训任务：根据本节内容，选出4种女装风格进行各2套的款式设计。

设计要求：

◎　有明确的设计点及设计目标定位。

设计评价：

◎　设计与定位风格的一致性。

◎　所设计的产品是否具有创新点。

◎　产品设计是否具有成衣的特点，是否符合市场消费者的要求。

◎　产品的设计是否具有生产的可行性，工艺技术是否能实现。

第三节 ///// 休闲服装的设计

在现代快节奏的生活中，人们重视生活质量，强调闲暇生活重要的价值观导致了休闲服的产生。休闲服装已演变为人们穿着服装中的一大类型，有着不同的年龄层、不同性别的消费群体，并形成了各类休闲服装风格，而且注入了时尚的设计元素，使休闲服装呈现多样化的发展。典型的休闲服有T恤、牛仔裤、牛仔裙、套衫、格子绒布衬衫、灯芯绒裤、纯棉白袜、旅游鞋等。

一、时尚类休闲装

在追求不受约束、轻松自然的着装方式中，体现一种具有时尚流行气息的服装，这就是时尚休闲服。时尚休闲服往往在不失休闲特点的前提下，在服装中加以一些流行元素，在保证了自己轻松的着装方式中又得以跟上时尚的潮流，不至于给人感觉“落伍”。当然时尚是轮回的，有时简单也是时尚，而有时繁复花俏是时尚。但不管如何，时尚休闲服装总会具有时尚的元素（图4-22、图4-23）。

时尚休闲装的款式多种多样，休闲西服外套、休闲牛仔装、休闲衬衣、休闲T恤、休闲背心、休闲连衣裙、休闲裤、休闲背带裤等，用一些流行的设计元素后就会体现出时尚的感觉。如利用流行面料、带有流行花色的面料，流行的色彩，流行的装饰，流行的款型，流行的工艺等设计的休闲服装，在休闲中流露出了时尚的气息。

时尚休闲装的设计不单是单件服装的设计，设计的组合及穿着的组合往往也会体现出预想不到的时尚感，如宽松的休闲浅色格子衬衣与深色短裙的搭配，卷起袖口的着装给人一种错落有致、轻松悠闲的感觉；再如针织面料的休闲西服，配以圆领的T恤，穿着宽松弹力的牛仔裤，有休闲意味的挎包，整个着装组合体现出叛逆传统的时尚休闲感。

在服装中加以个性的元素，使服装具有某种风格倾向，如民族元素、古典元素、前卫的元素等，使时

图4-22 时尚休闲装

图4-23 时尚休闲装 李玲玲

尚休闲服的设计具有多种风格的倾向，如民族风格、乡村风格、田园风格、前卫风格、古典风格、热带雨林风格等，多种风格注入休闲服装的设计更能体现出别致的时尚气息。

造型：时尚休闲装多使用体现宽松的造型和简洁的线条。

色彩：色彩在纯度、色相、明度上以流行或个性化的设计。

面料：时尚休闲装多采用棉织物、针织物等面料。

工艺：在设计细节上常采用缉明线、拼贴等手法。

结构：时尚休闲装多用分割线、装饰分割线在服装各部位进行设计，结构具有组合特点。

部件：领形、袖子和口袋的设计强调独特性。

装饰：时尚休闲装的装饰多样化，题材、色彩、形式不受到限制。

图4–25　运动休闲装

二、运动休闲装

在现代生活中，人们越来越追求工作之余的享受自然、放松自我的休闲生活方式，集运动和休闲特征于一体的运动休闲装满足了人们户外活动和运动着装的需要。运动休闲装既有运动功能又能满足休闲穿着的要求，是受到各年龄消费群体喜爱的一种服装类型（图4–24、图4–25）。

图4–24　运动休闲装

运动休闲装款式宽松、结构简洁，色彩明快、活泼，穿着舒适，富有青春和生命力。主要有运动套装、夹克衫、休闲裤、连帽套衫、T恤、运动鞋等，配件有背包、帽子、手套、太阳镜等。整体着装体现出穿着者轻松随意、自然健康的状态。

造型：运动休闲装多使用块面造型和线条造型，线造型以曲线和直线结合，面造型多使用拼接形式，点造型使用较少。廓形自然宽松，活动自如。

色彩：色彩在纯度、色相、明度上可进行大对比的设计，以鲜明的配色为特征，以达到明快、活泼、轻松的效果。

面料：常采用的面料有纯棉和涤棉，如针织物、弹性面料等吸湿透气、易洗快干的面料。

工艺：在设计细节上常采用缉明线、嵌边、拼贴等手法。

结构：运动休闲装内部结构线较少。

部件：领形、袖口多数是采用罗纹口。

装饰：以少量装饰如小面积图案，或以结构线形成装饰效果。

三、职业休闲装

职业休闲装是在职业装的基础上追求穿着轻松随意的一种休闲装类型，既有职业装稳重、端庄的同时又具有时尚、轻松、自然的特点，在严谨的工作环境中可以得到没有约束感的着装感受。职业休闲装类型包括西服、西服裙、夹克、T恤衫、外套、休闲裤、牛仔裤等（图4–26、图4–27）。

职业休闲装着装感觉轻便舒展，比正式的职业

图4–26　职业休闲装

装穿着更为舒适自由。与时尚休闲装和运动休闲装相比，职业休闲装款式相对较成熟，用料也比运动休闲装讲究。在设计中可注入一些时尚流行元素，使整体服装显得自然随意，而又具有时尚感。

造型：职业休闲装款式简洁明朗，结构线条流畅自然。多使用块面造型和线条造型，而且多为对称造型，线造型以圆润的曲面和平挺的直线居多。面造型多使用拼接形式而且相对规整，点造型使用较少。廓形自然宽松，便于活动。

色彩：职业休闲装可用清新明快的浅色系，或具有内涵品味的灰色系和具有稳重效果的深色系列。

面料：大多采用天然的棉、毛、麻及各种混纺织物、针织物为主。

工艺：在设计细节上常采用缉明线、拼贴等手法。

结构：职业休闲装服装结构清晰，分割线、装饰分割线在服装各部位进行多样的组合设计。

部件：领形、袖子和口袋的设计具有个性和经典相结合的特点。

装饰：含蓄、雅致的图案或具有现代设计感的彩色花格、条纹、几何图形等。

图4-27 职业休闲装 李玲玲

[实训练习]

◎ 实训任务：根据本节内容，选出2种休闲类型进行各2套的款式设计。

设计要求：

◎ 有明确的设计点及设计目标定位。

设计评价：

◎ 设计与定位风格的一致性。

◎ 所设计的产品是否具有创新点。

◎ 产品设计是否具有成衣的特点，是否符合市场消费者的要求。

◎ 产品的设计是否具有生产的可行性，工艺技术是否能实现。

第四节 牛仔服装的设计

如同牛仔具有极强的战斗力和顽强的生命力一样，牛仔服装经过一百多年的发展，已经深入到人们的生活中，不管男女老少都被牛仔服装粗放豪迈的个性风格折服，成为很受欢迎的服装。牛仔服装也成了服装设计和生产的一大品类。

牛仔服装的款式多变，有合体式，又有宽松式；可与其他服装配套穿着，效果美观舒适，是当今国际市场上最为流行的一种服装。目前牛仔服装已形成系列的时装。主要有男、女、童牛仔长短裤，牛仔长短裙、牛仔夹克衫、牛仔衬衫、牛仔背心、牛仔裙裤和连衣裙等。

经过多年的发展，牛仔服装已由过去单一颜色发展到现在的水洗处理工艺，主要水洗有普洗、碧纹洗、雪花洗、石磨洗、石漂洗、漂洗、酵素、石酵、石酵漂洗、套染洗等。经过处理后的牛仔面料摇身一变，手感柔软，色泽特别，风格粗犷潇洒。

牛仔面料除了全棉外，还有弹力(氨纶)、麻棉、涤棉、真丝、人造棉等；在制作工艺上，除了斜纹外，还有平纹、磨绒、竹节纱、提花等。

在颜色上，除了靛蓝色外，还有黑色、印花以及粉红、橙、绿、黄等深受消费者喜爱的颜色。

图4–28 经典风格

一、牛仔服装的工艺特点

牛仔服装之所以有其独特的风格，是与牛仔服装的面料、生产加工及装饰处理分不开的。牛仔服装的工艺及装饰特点主要有如下几种：

1.面料处理：镂空、流苏、蕾丝、水洗、毛边、破损、撕裂、破剪、弹孔、漆痕、刷白、染色、抽须、抓绉、碾压、浆硬等；

2.工艺装饰：缉明线装饰、褶皱、立体剪裁等；

3.配件装饰：工字纽、四合纽、撞钉、鸡眼、皮牌、金属拉链等；

4.图案装饰：刺绣、珠片、皮毛、拼贴、贴布绣、机绣、珠绣、烫钻、印花等；

5.面料的搭配：与雪纺、丝绒、条绒、羊毛、仿皮、灯芯绒、针织等不同材质拼贴。

二、牛仔服装的风格

主要有经典风格、休闲风格、时尚风格、朋克风格、性感风格等。

图4-29　休闲风格

图4-30　时尚风格

图4-31　朋克风格

1.经典风格

牛仔服装流行了一百多年，其颜色和款式一直在不断变化着，但靛蓝和五袋款一直是其经典色和经典款。经典的东西，永远是靠内涵来体现的。经典的设计在款式上保存简洁，结构变化不多，装饰要体现在牛仔服装特定的配件上，也就是用牛仔服装本身必备的配件做装饰，如铜扣、拉链、皮质标牌等；经典的设计要体现在面料的品质、水洗的质量、得体的款型上，如果是花哨的设计就会破坏服装本质的内涵（图4-28）。

2.休闲风格

休闲牛仔服装风格具有舒适、自然、轻松、随意的感受，还具有牛仔的洒脱感。休闲牛仔服装是牛仔服装的一大类，因为其穿着环境范围广，所以在牛仔服装中占的比重较大。休闲的款式有牛仔衬衫、牛仔西装、牛仔外套、牛仔裤、牛仔裙、牛仔包等。款式特征线条简洁，内部结构变化不多，服装的宽松量较大，在装饰上可以根据不同的消费群体作简洁或丰富的变化；面料处理质地要求手感舒适（图4-29）。

3.时尚风格

时尚是指特定的时间而言的，也就是在某个时间段内流行的服装，所以时尚是变化的，不同的时代有不同的流行特征。牛仔服装的时尚指的是当前主流流行的服装风格，它的款式、色彩、细节元素、工艺特征都与流行有紧密的联系，所以牛仔时尚的设计要与主流服装的流行进行结合的设计（图4-30）。

4.朋克风格

追求新潮的、个性化和具有现代设计元素特征的牛仔服装。体现波普艺术、幻觉艺术、抽象派别艺术及街头艺术在服装的应用。造型特征线形变化较大，强调对比因素的运用和局部夸张；面料处理应用镂空、流苏、水洗、毛边、破损、撕裂、破剪、弹孔、抓绉、碾压、浆硬等手段；工艺装饰运用褶皱皮牌、金属拉链等；图案装饰运用刺绣、珠片、皮毛、拼

图4-32　牛仔夹克衫

图4-33　牛仔衬衫

图4-34　牛仔裙

贴、烫钻、印花等；面料搭配与羊皮、仿皮等不同材质进行拼贴。在形、色、质上追求一种标新立异，反叛刺激的形象（图4-31）。

5.性感风格

性感风格的牛仔服装，追求通过牛仔服装粗犷的风格与女性娇美、性感的身材进行对比，衬托出女性特有的娇媚气质。服装造型特征线形以体现女性的身段为主，强调曲线美感，常用合体短装、低腰、紧臀等体现性感的设计，裙装以超短裙、迷你裙为主，裤子多用有弹力的牛仔面料以体现优美的腿形。面料处理应用镂空漏体、流苏、水洗、毛边等手段；图案装饰运用刺绣、珠片、皮毛、拼贴、烫钻、印花等。

此外还有很多风格的牛仔服装，如淑女风格、简洁风格、活力风格、顽童风格等。按地域和国家分又有欧美风格、中国风格、韩国风格等。

三、牛仔服装分类设计

上装牛仔服主要有男、女和儿童的牛仔夹克衫、牛仔衬衫、牛仔背心、牛仔西装、牛仔长短裤、牛仔长短裙、牛仔裙裤、连衣裙和外套、大衣等。

1.牛仔夹克衫

服装造型特征衣短袖长，强调外形直线特征，在下摆及袖口收克夫进行造型处理，在内部结构上多在胸部、后肩下半部做块面分割处理，结构设计变化主要体现线条的骨骼特征，加用粗的缉明线和水洗石磨加工，强调线条的装饰作用，服装的领子可以用其他的皮毛、针织材料进行搭配，以达到变化的作用。在衣袋或设计性部位用金属拉链进行装饰等。图案装饰分男女不同，可以在需要强调的部位进行刺绣、珠片、皮毛、拼贴、烫钻、印花等的处理（图4-32）。

2.牛仔衬衫

牛仔衬衫主要用于休闲服装当外衣穿着，款式要体现宽松舒适的感觉，服装尺寸比正装的衬衣要大。作为休闲的主要用途，牛仔衬衫的内部结构线不是很复杂，主要是在后肩及前胸作分割处理；衬衫的领子可以作多种领形的设计，如传统的衬衣领、立领、小翻驳领等；衣袋设计是牛仔衬衫变化较多的部位，可以在形状、大小、位置、风格、材料搭配上进行不同的设计；面料的花色选择或处理可以是多种风格的，以体现不同风情的休闲效果；图案装饰进行刺绣、珠片、拼贴、烫钻、印花等的局部运用（图4-33）。

图4-35　牛仔装的设计　李玲玲

图4-36　牛仔装的设计　李玲玲

3.牛仔裤

牛仔裤是牛仔服装的代表，牛仔服装最先出现的就是牛仔裤，历史在牛仔家族中是最悠久的，也是牛仔服装中产量最多的，其他的牛仔服装都是在牛仔裤中演变而来的。所以牛仔裤的式样、风格也是多种多样的，裤形的变化、面料的变化、后处理的不同、内部结构的变化、装饰的应用与变化、细节的变化，甚至缝线的不同以及应用的扣子标牌的设计都会影响到牛仔裤的整体风格。

牛仔裤的品类很多，设计上长短变化有长裤、七分裤、中裤、三分裤、短裤、超短裤；腰节位置的变化有平腰裤、高腰裤、低腰裤、超低腰裤；形状的变化有合体裤、普通裤、宽体裤、喇叭裤（微型喇叭裤、普通喇叭裤、大喇叭裤）、灯笼裤、直统裤等。

牛仔裤除了裤形的变化，内部设计上的变化主要有裤袋、结构和装饰。裤袋的袋形设计也很丰富，有经典的袋形，有不同形状的袋形，结合位置的变化、层次的组合、结构的分割、缉明线的运用及装饰的设计，可以得到多姿多彩的口袋设计。

内部结构的变化也是牛仔裤设计的一个重要手段，运用剪裁分割及装饰分割在裤子的前片、后片的臀部、中裆、裤口的位置进行设计可以变化出多样的款式。

牛仔裤工艺装饰可以进行缉明线装饰、褶皱、撞钉、鸡眼、皮牌、金属拉链、刺绣、珠片、皮毛、拼贴、贴布绣、机绣、珠绣、烫钻、印花等，可以说凡是牛仔服装上的装饰手法都能在牛仔裤上得到应用。还可以在裤子的局部，如腰头、口袋或其他部位结合其他的材料进行搭配设计，以得到更丰富的设计效果。

对牛仔裤的后工艺处理手法更丰富，有镂空、流苏、蕾丝、水洗、毛边、破损、撕裂、破剪、弹孔、漆痕、刷白、染色、抽须、抓绉、碾压、浆硬等。

4.牛仔裙

主要有牛仔裙、牛仔裙裤、连衣裙和背带裙，在形态上有合体裙、统裙、喇叭裙等，在长短变化上有长裙、中裙、短裙、超短裙。牛仔裙质感粗犷的风格，加上具有动感的裙摆可以衬托出女性的娇姿。裙的造型要利用腰节及臀部作为支撑点，裙的下摆幅度结合长度做变化可以得到不同的效果，短裙或超短裙能体现性感及修长的腿形；大摆裙能体现具有优美动感的造型。面料处理应用镂空、流苏、水洗、毛边等手段；图案装饰运用刺绣、珠片、皮毛、拼贴、烫钻、印花等（图4-34～图4-36）。

[实训练习]

◎ 根据本节内容，选出2种牛仔类型进行各2套的款式设计。

设计要求

◎ 有明确的设计点及设计目标定位。

设计评价：

◎ 设计与定位风格的一致性。

◎ 所设计的产品是否具有创新点。

◎ 产品设计是否具有成衣的特点，是否符合市场消费者的要求。

◎ 产品的设计是否具有生产的可行性，工艺技术是否能实现。

第五节 儿童服装的设计

简称童装，是目前成衣的一大类，包括婴儿服装、幼儿服装、儿童服装、少年服装等。

一、婴儿服装的设计

孩子从出生至周岁前叫婴儿期。这是儿童生长发育的显著时期，期间体重约增加3倍。婴儿主要体形特征为：头部较大，身高比例为3．5～4个头长，胸腹围度无显著差异，腹围较大。

婴儿时期睡眠时间较多，服装的作用主要是保护身体和调节体温。由于婴儿期缺乏体温调节能力，发汗多，睡眠时间长，不能自己翻身，排泄次数多，皮肤娇嫩，因此，婴儿服装的设计必须注意卫生与保健功能。

婴儿服装品类：罩衫、连衣裤、睡袍、斗篷、内衣、外衣、长袖连体衣、背带裤装、肩扣衫、游戏装、背心、毛巾布服、连脚裤、套装、披肩、围嘴、尿不湿、T恤衫、爬爬衣、短袖上衣、长袖上衣、内衣套装、裙装、裤装、毛巾布裤装、大臀裤以及帽子、鞋子、袜子、睡衣、睡袋、抱被毯等（图4-37）。

款式：服装的款式变化不多且要简单，应尽量减少不必要的结构线，款式力求简洁，一般是上下相连的长方形，而且有适当的放松度，以便适应孩子的生长发育，在搭门处或其他的服装闭合处应用柔软的带子进行结系。为保证衣服的平整，减少与皮肤的摩擦，服装也不宜使用松紧带，由于婴儿的颈部很短，以无领结构为主，而且领口要相对宽松。

色彩：在服装的色彩方面，应避免过于鲜艳的色彩，以明快、清新的白色、乳白色或其他浅色调为主。

面料：面料选择应柔软舒适，应是具有良好的伸缩性、吸湿性、保暖性与透气性的织物。如透气性好的纯棉面料，全棉织品中的绒布等。绒布手感柔软、保暖性强、无刺激性。

二、幼儿服装的设计

幼儿期是指幼儿园时期的阶段，幼儿的体形特点是头大颈短，肩窄腹凸，四肢短粗。在这段时期里，幼儿身长与体重增长较快，身高约75～110厘米，身高比例

图4-37 婴儿服装

为4～4.5个头长。幼儿好动，身体、思维和运动机能发育明显。幼儿服装的机能具有护体和保温的作用。

品类：一件装包括衬衫、连衣裙、背心裙、背带裙、吊带裤裙、罩衫、工装裤、睡裙、围裙、泳衣、海军衫外套等；两件装包括系列衬衫与短裤、衬衫与裙子、衬衫与长裤以及礼服套装等。

款式：服装款式灵巧活泼，以符合幼儿性格特征。服装结构不宜过于复杂，适度宽松，以利于活动和脱换方便。以整体特征呈现简洁、宽松为主，款型大多是长方形、A形。尽可能少地使用腰线设计，幼儿服装门襟的设计要考虑实用功能，大多设计在正面，以利于服装的穿脱。由于幼儿颈短，领子设计应简洁，平坦而柔软，不宜在领口设计过于复杂的花边。幼儿时期的孩子正处在快速生长发育阶段，松紧带裤会影响胸腹部发育，尤其在秋冬季节，内裤、衬裤、外加罩裤，从里到外松紧带紧紧箍在孩子的胸腹部，大大限制了他的胸廓发育和呼吸活动（图4-38）。

图4-38 幼儿服装 黄海威设计

色彩：幼儿时期面对生活处于好奇的阶段，对世界的新鲜事物和景象的色彩敏感，色彩能激起幼儿对事物的认识，所以幼儿的服装色彩搭配可以是很亮丽的、生动的、鲜艳的和明亮的，也可以用色调柔和的搭配体现儿童的纯真可爱，暗色调和纯度低的色彩不适宜应用在幼儿服装上。

装饰：幼儿性格特征是可爱、活泼、好动，所以幼儿服装的装饰多用一些具有趣味性的图案，图案的设计也体现幼儿的性格特征，题材多是动物、植物、人物、景物、文字等，图案的造型、内容、形式、色彩要体现出天真烂漫般的童趣世界，如自然界可爱的小动物、艳丽的花草、生动的小卡通人物、有趣的文字等，以增加幼儿对自然和生活的认识。另外对于幼儿的一些服装配件和装饰，还可以用仿生设计的手法，如小兔子口袋、小老虎帽子等，以体现幼儿服装的趣味性和满足幼儿对生活世界的好奇心，也有利于幼儿增长知识。

面料：幼儿好动，因此幼儿服装穿在身上应舒适和便于活动。幼儿服装的面料夏季要用手感柔软、舒适、透气、吸湿性好的纯棉、麻棉混纺、丝棉混纺面料，如全棉织品中的30s×40s细布、40s×40s纱府绸、泡泡纱、女纱呢、什色卡、中长花呢等，也可以选用化纤织品，如涤棉细布、涤棉巴厘纱等。秋冬季幼儿内衣宜选用保暖性好、吸湿柔软的针织面料，要耐脏、易洗，全棉或精梳棉涤混纺料均可。外衣以耐洗耐穿的灯芯条绒、纱卡、女绒呢、斜纹布、中长花呢为主。为加强趣味性，也可以用不同面料的组合进行拼接。

三、学龄儿童服装的设计

这是小学阶段的儿童阶段，这个时期儿童身高为115～145厘米，身高比例为5.5～6个头长，身体趋于坚实，男、女童的体形及性格已出现较大差异，因而设计时要所区别。学龄期儿童大部分时间是在家庭及学校，是儿童智力发展和知识学习的阶段，此期儿童智能发育较快，逐渐脱离了幼稚感，有一定的想象力和判断力，这一时期的男、女童在兴趣爱好上也产生了极为明显的差异，在对服装的款型、色彩、装饰的喜好上也有明显不同，服装的设计应符合他们的年龄性格和学生身份的特征（图4–39）。

品类：外套、牛仔服、毛衫、夹克、西装、羽绒服、风衣、校服、连衣裙、背心裙、长睡裙、起居服、背心、长短裤、半截裙、休闲服、运动装、礼服等。

款式：在服装款型上，这个时期的女童已初步具有女性特征的身体曲线，服装的造型可采用X形和A形，配合泡泡袖、灯笼袖、蓬蓬裙、荷叶边领、铜盘领等进行组合设计，可以加上花边、蝴蝶结、飘带等进行装饰。男童活泼好动，服装则以简洁大方的H形为主，如T恤、背心、夹克、运动裤等，服装的内部结构则以分割局部的块面进行设计。总之，学龄儿童服装的款型、结构要简洁大方、着装舒适，以适应儿童的运动。

图4–39 学龄儿童服装

色彩：在服装的色彩上，色彩可选用和谐明快的色调。女童偏爱红色、乳白色、粉色等暖亮色调；而男童偏爱的范围比较大，红色、蓝色、绿色、黑白灰等都有。应避免浑浊老成的暗色调或过于鲜艳的色彩，色彩搭配不宜太过夸张对比和繁琐，以避免分散孩子学习的注意力。但在节庆日或参加正式场合时，可选择具有装饰性和华丽感色彩的服装，以适应着装环境。

面料：学龄儿童服装面料选择要求质地轻柔、不易褪色、去污容易、耐磨易洗，以舒适的天然面料及混纺面料为主。春夏季可选用纯棉织物，秋冬季一般选用灯芯绒、粗花呢等。在色泽上既要生动活泼又要朴素大方，在质地上要求经济实惠，如什色涤棉细布、色织涤棉细布、中长花呢、什色涤卡、灯芯绒、劳动布、坚固泥、涤纶哔叽等。

装饰：学龄儿童服装的装饰多体现在校服装以外的生活装，特别是节庆穿的服装上，儿童除了在校学习之外，寒暑假、出外旅游及节庆日是他们主张自我着装个性的机会，所以服装很注重款式和装饰的设计。在装饰图案上，女童喜欢可爱的卡通偶像、演艺明星、动物花卉等；男童则喜欢出名的运动明星、传奇的英雄人物、著名的运动品牌标志。

图4–40　少年服装

四、少年服装的设计

少年期指13～17岁的中学时期，主要是初中阶段的学生。随着年龄的日渐增长，少年期的学生身体也逐步发育，女孩则体现出显著的女性特征，身材日渐苗条，显露出胸、腰、臀三围线；男孩则肩宽臀窄，高中以后均已呈现出成人体态，在思想意识上逐步有自己的思维判断能力，对事物有自己的见解，具有一定的审美意识，对服装的选择和搭配能根据自身性格和爱好作出决定，并能接受时尚潮流的影响，有一定的爱美意识和比美行为（图4–40）。

品类：外套、大衣、牛仔服、衬衫、毛衫、夹克、西装、校服、连衣裙、背心裙、起居服、泳装、背心、休闲套装、运动套装、牛仔套装、半截裙、风衣、礼服等。

款式：少年着装除了校服比较正规外，其他的日常服装、节庆服装在造型上要注意体现少年儿童朝气的美感。女装要能体现出女孩的活泼、可爱、纯真的特征，造型简洁大方，以X形、A形、长方形、梯形为主。男装款式则要体现出休闲和运动装的风格，造型简练大方，结构硬朗刚强，以体现男孩富有朝气的特点。此外，少年的日常运动和业余爱好范围较广，大部分喜欢踢球、骑车、玩滑板、郊游等运动，因而在设计时要充分考虑服装的运动功能，户外运动服装的结构采用较宽松式，袖子以落肩袖、插肩袖和较宽松的圆装袖为主。

色彩：在服装的色彩上，色彩可选用和谐明快的色调，应避免浑浊老成的暗色调或过于鲜艳的色彩，色彩搭配不宜太过夸张对比和繁琐，以避免分散孩子学习的注意力。但在节庆日或参加正式场合时，可选择具有装饰性和华丽感色彩的服装，以适应着装环境。

面料：少年儿童在面料选择上比其他年龄的童装余地更大，以棉、麻、毛、丝等天然纤维或与化学纤维混纺的面料为主。

装饰：女少年服装的装饰更为多样，如花边、抽褶、荷叶边、蝴蝶结、镶边、明线装饰、双线装饰、嵌线袋使用、贴袋等。

[实训练习]

◎ 实训任务：根据本节内容，选出2种童装类型进行各2套的款式设计。

设计要求：

◎ 有明确的设计点及设计目标定位。

设计评价：

◎ 设计与定位风格的一致性。

◎ 所设计的产品是否具有童装的特点。

◎ 产品设计是否符合市场消费者的要求。

◎ 产品的设计是否具有生产的可行性，工艺技术是否能实现。

第六节 内衣设计

内衣是服装不可缺少的一部分，常规内衣的用处是护体、塑身和保暖。但随着生活水平的提高，人们对内衣的品质要求也随着提高，内衣已从功能化趋向于设计的多样化、流行化，越来越注重内衣的款式、装饰的设计，成为时尚的重要组成部分，现代的女性更重视内衣的选择及与服装的搭配（图4-41、图4-42）。

一、内衣

1.文胸

文胸的主要功能是支撑乳房，保持乳房的稳定，同时具有调整作用，通过矫正来修饰美化女性胸部，改善胸部的外观。现代的文胸也体现出具有审美作用的设计，集艺术性与功能性于一体，以满足追求体现穿着品味的女性。文胸的设计要符合人体结构，除了美化的设计，工艺也要求细致考究，穿着上要求舒适，也要避免因运动而变形和脱落，好的设计在材料上的选用也要透气散湿。

文胸的材料运用主要有主面料，装饰用的蕾丝、装饰花，附件材料有网眼、拉架布、无纺布、细布、衬垫、肩带、松紧带、钢圈、胶骨、夹弯、背钩、调整环、斜条等。在设计时都要考虑面料的性能及各种附件材料的作用，充分利用材料进行设计更可以体现文胸的特征，如斜条滚边就是很好的边缘装饰性设计，在内部分割结构线或上端边缘运用蕾丝进行装饰可以得到华丽典雅的效果。

文胸的色彩设计以浅淡明亮色系和含灰的中性色系为主，以体现女性的文雅。主要有：纯白、本白、粉红、淡红、山茶红、浅玫色、粉黄、浅黄、中黄、明黄、粉绿、淡绿、中绿、粉蓝、水蓝、天蓝、粉紫、淡紫、浅紫、丁香紫等。有些个性的设计色彩也采用了大红、玫瑰红、深蓝、黑色等（图4-43）。

2.文胸款式

无肩带胸罩——大多以钢圈来支撑胸部，适合搭配露肩及袒领的外衣。

图4-41　内衣设计　李玲玲

图4-42　内衣设计　李玲玲

图4-43　文胸与内裤设计　李玲玲

背心式文胸——胸罩上部为背心式，穿着舒适，适合少女穿着。

环带型文胸——配合环带型领的外衣。

衬垫型文胸——在罩杯中加用衬垫以提高乳房的丰满度。

低开口文胸——开口很低，以配合V型领或低开领的外衣。

透明文胸——以透明织物制成，体现女性性感。

连腰型无肩带文胸——文胸与腰部连接，可以同时收紧腰部和衬托乳房。

连腰型有肩带文胸——有肩带与腰部连接的文胸，同时衬托乳房和收紧腰部。

无缝型文胸——采用高弹力织物，罩杯表面是无缝处理。

前扣型文胸——钩扣安于前方的文胸，便于穿着，同时增加胸部的丰满感。

休闲型胸罩——用于居家休闲而穿着的文胸。

运动型文胸——具有一定的防震的功能，可以在运动时固定胸形与保护乳房的功能。

从文胸造型的形状结构来看，文胸又可分为将整个乳房全部包住的全杯型；显露出乳房上部的3／4杯型；袒露出半个乳房的1／2杯型；还有仅包住乳房很少一部分的水滴型杯体。以上各种款式和形状的文胸，对于胸部的辅正和修饰各有不同的效果。

3.束衣

标准型束衣是连腰束，一般采用圆柱形全立体设计。它的作用在于同时对臀、腰、腹部作用，提高臀部、收缩小腹、承托胸部，用于修正全身曲线。另外还有束形上衣和腰封，束形上衣修正、塑造女性的胸、腰、腹曲线，调节上半身体态曲线，可以同时对于胸部欠丰满的女性有较好的塑形作用。腰封一般是由数条柔性钢丝收紧腹部，以达到修饰腰部、腹部的作用，并对胸部有一定的承托作用。更能反映出女性胸部、腰节和臀部的线条。束衣的面料选择要充分考虑面料的伸缩性、透气吸湿性、耐损性、耐变形性等要求，多用弹性纤维与天然纤维混纺，如透明超柔网眼布、蚕丝光泽高弹面料以及具有降温排汗、爽身保健功能的“真丝丝普纶空调纤维”等。装饰可以点缀蕾丝花边，色彩以近似肤色为主（图4-44）。

图4-44　束衣

4.内裤

①按腰口的位置分类

低腰型——裤腰口的位置低于胯部之下，适用于穿着低腰裤时搭配，属于性感形的内裤。

中腰型——裤腰口的位置略高于胯部，一般称为中腰，是最常见到的规格。

高腰型——裤腰口的位置高度在肚脐或以上，一般对腰部有束腰的功能，高腰的穿着较为舒适，有保暖效果，对臀型的维护也较好。

②按形状和功能分类

三角裤——前面覆盖的较多，属于三角裤。三角裤适宜与文胸进行系列配套的设计。

丁字形——仅在前面有三角形的遮掩，侧后部仅有细线相连。与紧身长裤搭配穿着时，可以避免内裤的线条破坏了臀形，但易导致臀部下垂。丁字形具有性感效果，但没有保护臀部和塑形的作用。

全包式——全包式会遮住整个臀部。

半包式——半包式的内裤遮住臀部一半。

束形裤——束裤非常强的弹性有利于曲线的恢复，主要功能是修正、塑造臀部与大腿曲线，将臀部提升至身体最佳比例的位置，令大腿与臀形曲线动人，一般分为短、中、长三种。

内裤面料要求吸湿透气，能够保证肢体活动的舒适性和方便性，多采用纯棉弹性织物、真丝织物、

图4-45　内裤设计　李玲玲

棉与化纤混纺针织布和各类新型纤维针织面料等（图4-45）。

二、家居服

家居服是指从事家务劳动，居家休闲时穿着的便装，主要有睡衣、睡裙、睡袍、家居便装，其款式特点是宽松舒适、造型简洁，穿脱方便。家居服装要与家庭环境相适应，在款式、色彩、面料、装饰的设计上要使服装的整体效果体现温馨、舒适、轻松的感觉。

1.睡衣

睡衣造型宽松，穿着舒服，在设计时造型要简洁，结构简单，色彩感温馨而不刺激。睡衣主要的类型有：一是吊带式睡裙，主要用于炎热的夏季，面料主要用既吸汗又不贴身的真丝、绢丝、棉麻混纺及纯棉等。可以在领口、袖口、裙摆饰以蕾丝花边或荷叶边，在胸前、裙子靠下摆处绣花，以使睡裙更秀美。色彩以淡雅、素净为主；二是分体式套装，优点上下装分开，穿着舒适行动方便，装饰采用嵌线、滚边、绣花、抽褶等工艺；三是连身式睡袍，睡衣用于睡前穿着，款式特征是宽松自如，穿脱方便。普通睡衣多常用各类纯棉织物，要求吸湿透气，柔软舒适（图4-46）。

图4-46　睡衣

2.家居便装

家居便装是在做家务和居家休闲时穿着的服装，根据不同的穿着场合分为家居休闲装、晨间装、厨艺服和亲子服等。

家居休闲装要体现轻松、舒适，款式一般都是比较宽松、随意。晨间装是上班前穿着的服装，要求保暖性和透气性好，一般采用纯棉面料；厨艺服是在厨房穿用的，服装具有防水特点；亲子服是在照料孩子时穿的，面料一般为纯棉，这样可增加亲切柔和的感觉。

[实训练习]

◎ 根据本节内容，选出2种内衣类型进行各2款的款式设计。

第五章　成衣新产品规划与设计

本章重点 >>

本章介绍成衣新产品规划及设计的程序，并有对应的设计实训案例。

学习目标 >>

通过本章的学习，学生能了解成衣设计的信息来源，掌握成衣新产品设计的知识和技能，学生应能够通过多种有效途径获取并分析整理出有用的时尚资讯，了解成衣新产品的规划内容及设计程序，能进行初步的新产品开发规划方案设计。

建议学时 >>

36学时。

第五章 成衣新产品规划与设计

第一节 成衣新产品规划

为了使企业的新产品开发有明确的指导方向，设计前都要对下一个要生产上市的产品进行确定服装的主题、品类、特征、数量和价格。它是在充分进行市场调研、对企业的本季度销售情况以及对最新的设计信息、主流及时尚的趋向研究后，结合企业的经营定位进行的新产品规划。

新产品规划的步骤及内容：

了解成衣市场动态→设定新产品主题→产品品类的确定→产品单品的确定及命名。

一、了解成衣市场动态

1.市场资讯

市场资讯指成衣在市场上的卖方与买方情况的信息。市场资讯可以从专业机构或媒体对市场资讯的报道获得，也可以通过市场调查的途径获取。

对定位接近或相同的成衣专卖店和商场进行服装调研了解，这是成衣设计信息来源的重要途径和依据。对商业市场的调查，可以获得相关品牌成衣的特点，及所涉及的消费群的消费倾向、消费喜好等相关信息。成衣卖场调查有两个方面，一是商品的品类及风格特征，包括服装的款式、色彩、结构、面料、工艺、装饰、细节、品质、价位等，以及成衣的设计亮点及卖点是什么等。二是消费者对服装的认可情况，本季节消费者对什么品类的服装感兴趣，服装的哪些元素受欢迎。

2.业内资讯

业内信息具有一定的专业性，是成衣行业乃至整个时尚产业内的流行资讯，代表着成衣设计的动向，是最具参考价值的设计素材和信息。

巴黎、伦敦、纽约、米兰、东京等时尚发源地每年都定期进行下一季时装的发布会，它展示了下一个季节服装最新的设计。这些引领世界时尚产业导向的流行信息，是流行的风向标，对全球时尚的流行具有决定性的影响力，是设计师汲取设计素材的主要来源。

国内外一些具有世界权威性流行趋势的研究机构，每年都进行色彩、织物、纱线及面料的流行趋势研究工作，都会发布新主题趋势预测，对服装色彩与面料的选择上能够起到一定程度的借鉴参考作用。

3.专业刊物

一是面对消费者具有消费导向作用的杂志。如美国的《VOGUE》，内容有时尚衣秀、经典回顾、流行资讯、趋势报告、时尚单品、品牌历史、居家、休闲、美食、旅行、艺术前沿、美容、生活、文化与艺术等；法国的《ELLE》，内容主要有品牌名家、天桥霓裳、时装艳影、美丽学分、精致生活、明星秀场、品牌看板等；法国的《Madame Figaro》，内容主要有流行时尚趋势、彩妆保养讯息、实用的消费指南、女性关注的本土报道、高贵风格的室内陈设艺术等；日本的《装苑》，主要内容有国际服装资讯，女装款式裁剪与缝制；二是面对行业的专家、设计师、企业、零售商的专业性杂志。如意大利的《国际流行公报》Collezioni，内容以介绍最新时装及成衣发布会图片为主；意大利的《女装》BookModa，内容以汇集各个品牌发布成衣和礼服的最新时髦信息，并做前流行预测；日本的《女装集锦》Collections Woman，按国家分集刊登全球六大时装发布会资讯；法国的《女装针织趋势》Woman's Knitware，以女装针织流行趋势介绍为主；中国的《国际纺织品流行趋势》VIEW，内容是流行面料发布、流行趋势综述与预测；中国的《服装设计师》，主要内容有时尚荟萃、流行资讯、品牌介绍等。

4.网络资讯

时尚类网站主要分为：专业类网站、品牌类网站、设计师个人网站、时尚杂志网站、时尚摄影类网站等几大类。

网络论坛是在互联网的平台上搭建的一个互动交流的网络场所，具有即时性、互动性、时效性、共享性、交流性，具有浏览、上传、下载、讨论的功能，是现代信息社会提供给人们交流的新平台。

品牌类网站和品牌设计师个人网站是以介绍品牌风格、作品发布、相关附属产品和电子商务为主的服装专业网站。

二、设定新产品主题

在符合企业定位的原则下，结合市场调研和本企业的本季度销售情况，以及对最新的设计信息，设定新的季节主题。

主题概念：是用概括的语言和图形表达服装风格的一种形式。

主题概念的目的：是使新产品有明确的、适合于市场需要的服装风格特征和一个稳定的设计目标。

主题概念的内容：主题文字、主题说明（主题产生

图5-1 新产品主题概念案例1 隆雨萱 钟金妙

主题：五彩斑斓
总是需要用一种色彩来表达内心。
但是内心仿若万花筒般的绚烂多彩。
多色彩和性感是一贯表述的方式，
略带招摇动感，却不失矜贵。

斑斓色彩，充满梦幻，飘逸，豪放，明快，平静，自由……色调大胆鲜明，运用相同的色系组合给人带来赏心悦目的视觉。
也有撞色，对比色带来的惊艳之美。

款式特征：
领子的变化由大变到小，由有褶皱到没有褶皱，多采用层层蕾丝边装扮女性的柔美。
由长下摆到中摆再到无摆，变化多端，也可以混搭，更体现个性美。

面料组合：
各种鲜艳颜色的棉类，涤纶面料，雪纺面料。绸面料，各色蕾丝花边

图5-2 新产品主题概念案例2 李炫乐

的背景、服装风格、款式特征、色彩特征、材料及细节特征）。

主题概念的表达方式：文字表述、图形图表的表达（图5-1、图5-2）。

三、产品品类的确定

产品品类是根据服装特征和功能进行的一种分类。产品品类的设定包括主打产品、热销产品、形象产品和单品，对商品类别、色彩、数量、价格、规格有一个明晰的预案。

成衣产品的构成一般都由主打产品、长销产品、形象产品和配套产品构成。

主打产品就是即将推出的主力产品，具有主流和流行特征，是企业主要的利润来源；长销产品是款式变化不大的，可以与其他品类配套穿着的产品，其特征具有款式大众经典化；形象产品是用在卖场展示或新品展示起提高企业形象作的产品，形象产品在款式、色彩、面料、工艺、装饰上都具有创意；配套产品指的是成衣的配件，起到丰富产品线，活跃卖场气氛的作用，如帽、鞋、包等。

成衣产品品类的构成跟企业的经营定位有关，以品牌为主的企业很重视主打产品、长销产品、形象产品和配套产品的组合，而以批发、订单为主的企业则多是以自己的优势产品为主。

表：某企业的春夏产品品类表

季节	女休闲下装类
初春系列	女合体弹性长裤 女平腰休闲长裤 女松紧腰运动长裤 女半松紧腰长裤
	女牛仔上装类
	牛仔小翻领外套 牛仔小西服领外套 牛仔长袖衬衣 七分袖衬衣
	女衬衣类
	女基本款长袖衬衣 格仔长袖花衬衣 条纹长袖衬衣 印花长袖衬衣
	女线衫类
	女长袖条纹线衫 女长袖时尚线衫 女长袖线衫
	女外套及其他类
	短袖运动套装 长袖运动套装 运动休闲 夹克休闲中长款休闲 长圆领T恤 长运动套装 长牛仔裤 长宽松休闲裤
	女牛仔下装类
	女弹性牛仔裤 女低腰牛仔裤 女小喇叭长裤

季节	女休闲下装类
初夏系列	女平腰多袋工装裤 女全松紧腰工装裤 女半松紧腰工装裤 女松紧腰九分裤 女合体弹性九分裤 平腰休闲九分裤 平腰休闲七分裤 平腰休闲多袋七分裤 半松紧七分裤
	女牛仔上装类
	无袖立领牛仔衬衣 无袖衬衣领牛仔衬衣 短袖牛仔衬衣
	女衬衣类
	七分袖公主衫 女七分袖衬衣 女七分袖弹性衬衣 短袖小格仔衬衣 基本款短袖衬衣
	女线衫类
	女短袖线衫 女配色短袖线衫
	男线衫类
	男横条长袖线衫 男短袖线衫 男短袖条纹线衫
	男装类
	宽松七分牛仔裤 稍合体七分牛仔裤 长宽松休闲裤 短运动套装

常见的服装类型

①用途类：运动装、职业装、便装、学生制服、社交服、外出服、日常服、休闲装、家居服、工作服等。

②年龄类：婴儿服、幼儿服、儿童服、少男少女装、青少年装、青年装、成人装、男士服、女士服、妇女装、老人装。

③气候类：春装、夏装、秋装、冬装、春秋装、秋冬装。

④材料类：毛呢服装、棉布服装、丝绸服装、化纤服装、裘革服装、羽绒服装、人造毛皮服装。

⑤产品类：套装、外套、外衣、裙、背心、内衣、夹克、西装、裤子、毛衫。

四、成衣单品的确定及命名

单品是进行服装细分时所必需的最小区分单元，它能独立形成一件功能性的服装。为了便于生产、销售的识别，每一款产品的设计都有它的名称。

成衣命名的意义：使一个产品便于归类和识别。

成衣的命名与服装的主题命名不同，服装主题体现的是服装的风格特征，而成衣的命名体现的是服装本身构成及类型的特征。

成衣命名的方法主要有：

1.以服装及类型来命名，即款型+类型

例①：平腰休闲七分裤，服装款型特征是平腰休闲七分长，类型是裤类。

例②：圆领长袖T恤，服装款型特征是圆领长袖，类型是T恤类。

2.以服装材料、款型特征及类型来命名，即材料+款型+类型

例①：格仔长袖花衬衣，材料及服装款型特征是格仔花面料、长袖结构，类型是衬衣类。

例②：蕾丝层次感连衣裙，材料及服装款型特征是蕾丝面料、长袖结构，类型是连衣裙类。

3.以服装风格、服装特征及类型来命名，即风格+款型+类型

例①：清新纯色系蝴蝶结花边洋裙，服装是清新风格，服装特征是蝴蝶结，类型是裙类。

例②：休闲长款女外套，服装是休闲风格，服装款型特征是长款，类型是外套类。

第二节 ///// 产品设计

产品的开发定位完成后，就由设计师按照分配好的设计任务根据产品的规划完成相应的设计工作，包括：款式、面料、装饰、产品包装、吊牌、唛头的设计。

设计的产品风格不但具有创新性，也要与原定的开发规划相符合，服装的结构要考虑到生产的可行性和有利于生产的时效性。

对于面料的选择，根据面料供货商提供面料样本或到面料市场进行选择与设计对应的面料，对于面料的流行性、质感、质量、经济性、成本、搭配性作全面考虑。

对于设计图的表现可以是手绘，也可以用电脑软件Photoshop、CorelDraw的路径工具绘制服装的款式，但对于设计稿的要求是一样的，必须是款式比例准确，细节结构清晰，对于功能性结构和装饰性结构要交代清楚，对于工艺要有标注说明，可以配合面料小样进行面料搭配的说明（图5-3、图5-4）。

表：某企业的春夏产品品类表

服饰有限公司版单（上装）

款号 X-001　　款式 女装印花拉链开胸短袖T恤　　布料 40s单面平纹磨毛布　　布克重 ______

<table>
<tr><td colspan="2">尺寸
名称</td><td>起版尺寸(M)</td><td>修改后尺寸(M)</td></tr>
<tr><td colspan="2">衣长（膊顶度）</td><td>60cm</td><td></td></tr>
<tr><td colspan="2">胸阔（夹下1度）</td><td>44cm</td><td></td></tr>
<tr><td colspan="2">腰阔</td><td></td><td></td></tr>
<tr><td colspan="2">脚阔</td><td></td><td></td></tr>
<tr><td colspan="2">脚高</td><td>6cm</td><td></td></tr>
<tr><td colspan="2">肩阔</td><td></td><td></td></tr>
<tr><td colspan="2">领阔（骨至骨）</td><td></td><td></td></tr>
<tr><td colspan="2">前领深（水平至骨）</td><td></td><td></td></tr>
<tr><td colspan="2">领高（后中度）</td><td>6cm</td><td></td></tr>
<tr><td colspan="2">领尖</td><td></td><td></td></tr>
<tr><td colspan="2">夹阔（直度）</td><td></td><td></td></tr>
<tr><td colspan="2">袖长（膊顶度）</td><td></td><td></td></tr>
<tr><td colspan="2">袖口阔</td><td></td><td></td></tr>
<tr><td colspan="2">袖口高</td><td></td><td></td></tr>
<tr><td colspan="2">袋（高*阔）</td><td></td><td></td></tr>
<tr><td colspan="2">拉链长</td><td></td><td></td></tr>
<tr><td colspan="2"></td><td></td><td></td></tr>
<tr><td colspan="2"></td><td></td><td></td></tr>
<tr><td></td><td>第一</td><td>第二</td><td>第三</td></tr>
<tr><td>发版日期</td><td></td><td></td><td></td></tr>
<tr><td>回版日期</td><td></td><td></td><td></td></tr>
</table>

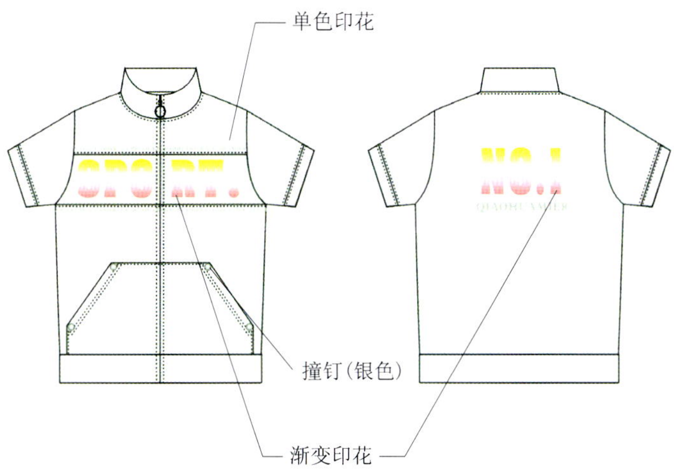

工艺要求：拉链为银齿3#拉链，不露齿；

制单 ______　　发单日期 ______　　跟单人 ______

图5-3　产品设计单

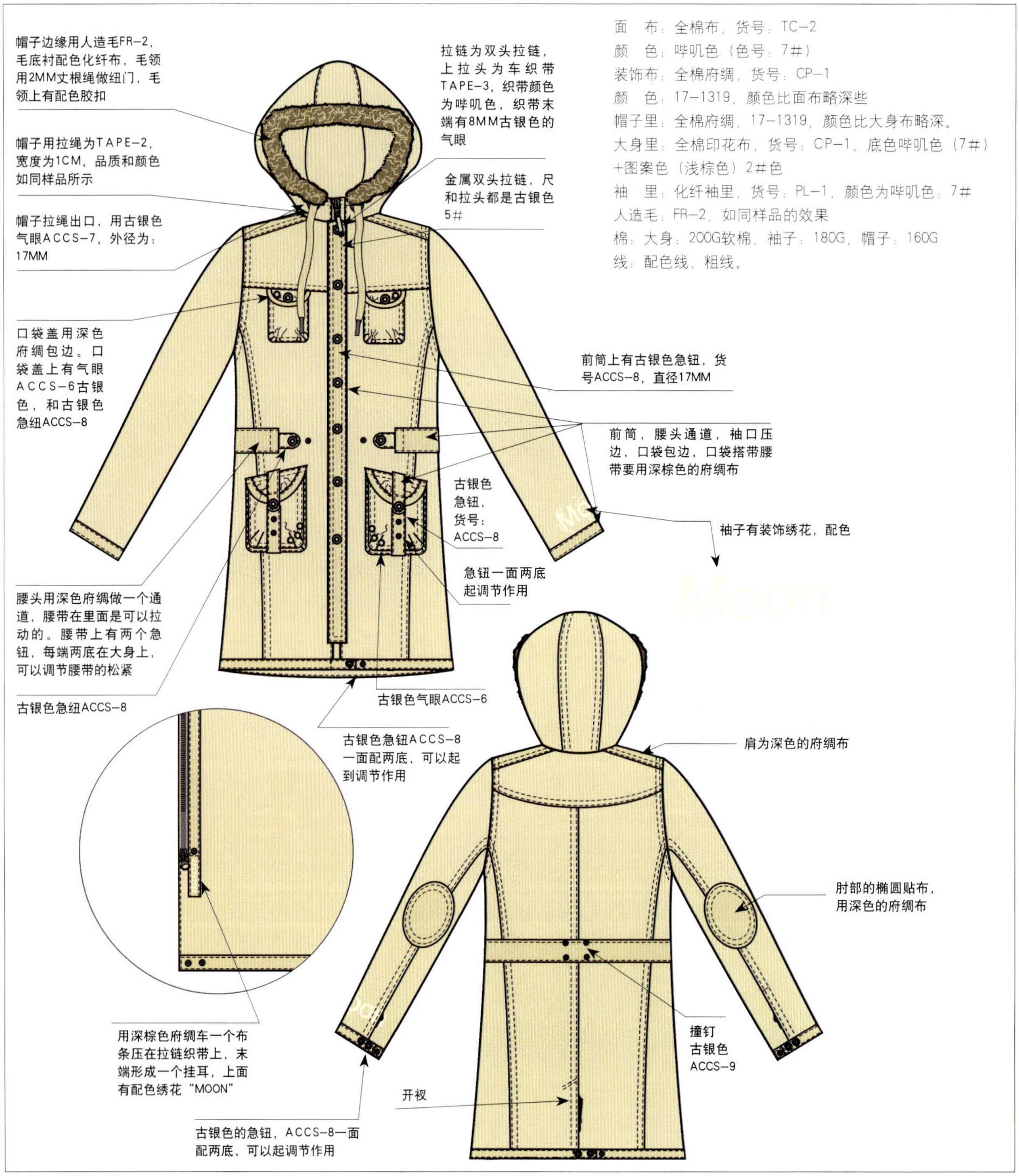

图5-4　产品设计单　陈志梅

第三节 ///// 产品系列设计

成衣每一个季节的新产品大多都是以系列进行设计和生产的，产品的系列化设计，使成衣的风格更容易保持统一和稳定，也容易加速新产品的开发设计，以延伸设计新品种。

系列产品的生产，使成衣的生产作业更容易规范，生产流程、产品质量的品质控制更容易稳定，也可以减少成衣生产附件的损耗。在生产中也可以合理地简化成衣配件品种，扩大通用范围、增加生产批量，有利于提高专业化程度，加强生产设备的通用性，提高生产效率。

系列化的产品使消费者对品牌的认同和忠诚度更高，也使成衣的号型更容易统一和标准化。

成衣系列化在营销方面可以使产品的陈设、管理更方便，也可以加强消费者对产品的识别，以满足不同层次消费者的需求，对于断货的产品也方便及时生产补充。

系列指的是服装的构成要素中，构成成衣的产品的元素如款式、色彩、结构、材料、装饰、工艺、配件，当把它们以某一个或几个元素进行同一化或类似化的组合变化设计，派生出服装数量的变化时，产品会呈现出系列化的特征（图5-5）。

图5-5 系列设计 李玲玲

一、系列设计原则

1.系列化主线元素必须明确，系列化主线元素指的是在成衣设计的款式、色彩、结构、材料、装饰、工艺、配件中，以什么元素作为系列设计主要的、贯穿于系列产品的元素，如果没有主要元素，则设计的产品凌乱，分不出重点和主题。

不同品牌成衣的经营定位都有不同。例如有以前卫风格为定位的，有以民族风格为定位的，定位不同则构成产品的设计重点元素也不同。重点设计元素是形成和保持成衣风格的关键要素，也是成衣产品系列设计的主要元素。

2.廓形的风格必须相对统一，不能完全改变廓形的性质，宽松的服装不能变为紧身合体的服装，直线造型刚性风格的服装不能变为曲线造型的服装，以免使服装的风格产生混乱。

3.服装内部结构的变化应该有章有序，内部结构变化的风格也要相对统一，如以直线结构为主的，如果有一款又是曲线结构的变化，就会产生不协调的视觉感。

4.产品的系列设计变化要考虑是否影响到成本的提高，要避免成本费用高于原定的产品价位，过多的手工生产工艺也会增加制作成本和工时，设计变化的工艺要考虑工业化生产的可行性。

5.避免出现生产无法达到设计效果的情况。比如，采用非常规的材质或工艺技术制作服装，违背了现代成衣的设计要求和技术要求。

二、系列设计的要素

1.款式要素系列

款式系列就是保持款式的整体风格不变，进行内部结构或色彩的相对变化。其特征是款式风格统一，具有系列感。款式系列的变化设计主要有以下几个方面（图5-6、图5-7）：

2.色彩要素系列

系列色彩设计是指在一个服装的系列内，设计的元素运用、变化以色彩为主，色彩是服装中的关键设计要素，是决定服装风格的主要元素（图5-8）。

3.面料要素系列

系列面料搭配是指按照既定的设计目的、设计风格、设计主题、服装的品类对系列的服装进行面料选择及搭配。面料的选择要符合服装设计的既定风格，面料是体现服装风格的重要设计要素，服装的产品即使是相同的款式和色彩，但由于面料的不同也带来服装风格的变化，服装的产品不可能只用一种面料构成，在进行产品线的设计时，面料的系列化配置就很重要。对面料风格的影响因素有：面料的原材质、面料的组织构造、面料的肌理、面料的色彩、面料的质地等（图5-9、图5-10）。

4.图案要素系列

图案系列指的是在系列服装中进行的系列性装饰图案的设计，也就是一个系列中的不同服装的图案是不一样的，但在题材和内容上都是系列变化的，从而形成以图案为主线变化的系列性服装。系列图案的服

图5-6 款式系列 钟金妙

图5-7 款式系列 钟金妙

装有三种类型：一是以面料的图案作为系列变化的；二是以其他材料加工在面料上的图案为系列的；三是以面料作加工形成的图案系列。不管是什么类型的图案系列，都具有题材、内容、工艺、材料、风格等的系列变化（图5-11）。

5.工艺要素系列

工艺系列就是在系列服装中，用相同或相近的工艺技术处理服装的面料、形态和装饰，强调服装的工艺特色，并在多个服装中反复使用，使之成为设计系列服装中最引人注目的设计内容。工艺技术处理的服装系列，是设计系列服装中最重要的手段，它改变了服装的肌理、质感、面料形态、造型形态，从而丰富了服装设计的内容，使人在视觉与色彩上产生不同的视觉品味，增添服装的魅力（图5-12）。

图5-8 色彩系列 李秀叶

图5-9 面料系列 钟金妙

图5-10 面料系列 钟金妙

图5-11 图案系列 钟金妙

图5-12 装饰工艺系列 钟金妙

图5-13 饰品及配件系列 钟金妙

6.饰品与配件要素系列

饰品与配件系列，是指通过与服装风格相配的装饰品及配件作为系列主导作用而形成的系列服装。饰品系列可以改变服装的整体风貌，烘托服装的设计效果，形成服装的系列风格。用饰品来组成系列的服装大多都是处于服装整体中的次要地位，以达到通过饰品作为设计重点的作用，所以服装的款式要简洁明了（图5-13）。

三、产品系列

产品系列是指经过设计生产后形成的成品系列，是品牌经过设计定位后的结果，对市场营销具有促进作用，可以迎合消费者的着装搭配要求。

1.风格类系列

是以体现系列风格统一，在服装的款式、色彩、面料的设计上保持服装的风格统一，这种系列的设计更符合以特色经营见长的品牌服装的设计运用，使品牌的产品有一个相对稳定的产品定位。产品风格是以季节产品的系列进行设计，在推出新产品的服装中，以几个系列产品在服装的款式、色彩、面料、工艺、装饰和细节上进行系列的设计，以满足消费者的需求。

2.不同品类的混搭系列

在服装不同的品类上进行系列的设计，运用相同的设计元素贯穿其中，如外套、内衣、下装采用相同的色彩变化作为系列的设计元素，使服装的搭配具有系列感。如内外衣系列，上下装系列，三件套，四件套以及内衣中的三角裤、胸罩、短裤、短裙、长裤、长裙、上衣、长外衣等七件、八件套系列（图5-14）。

图5-14　不同品类的混搭系列　钟金妙

图5-15　服饰类系列　李玲玲

3.同一品类系列

服装同一种品类构成系列性，如裙子系列、婴儿系列、少女系列、中老年系列、裤子系列、T恤系列等。

4.服饰类系列

就是在服装与服装配件、服装饰品的整体进行系列化的设计和搭配。如服装的上装、内衣、下装、包、鞋及其他饰品用一些设计元素进行贯穿性的设计，使着装的整体具有系列性（图5-15）。

5.群体类系列

指的是某一特定群体或人群采用系列性的设计。如工作服、职业服装、学生装、情侣装、母子装、家庭服等。这些设计分别可以在款式、色彩、面料、装饰、工艺、结构上应用其中的某一个或多个元素，在服装的搭配上进行系列的设计，以强调其特定的特征。

6.同一季节的系列

如初春系列、春夏系列、初秋系列、秋冬系列等。

第四节 基于拟定品牌的产品设计

一、基于拟定牛仔品牌“W′LEE”的产品设计

品牌名称：W’LEE（韦双威、李秀叶设计）

品牌简介：古往今来，经得起时间磨炼的称为经典，带领潮流翻涌的服装是人们迫切需求的，既时尚又永不过时的服装无疑成为市场上的最大卖点。牛仔，是永恒的经典与时尚。W’LEE将自由、个性、时尚、经典、浪漫、感性的品牌追求与现代人着装风格完全吻合；选用上乘面料，时尚休闲、价位中等、适应性强、种类多、款式新颖，讲究个性和品味与追求，给消费者一种新奇、独特、时尚、健康、活力的深刻精神感受。秉承积极进取、不断创新的设计理念，让人们以“W’LEE”为平台，展现无穷魅力。

服装类型：成衣，W系列和W&LEE系列

服装风格：简洁精致，合身剪裁的外形和追究完美细节，精致、优雅，庄重大方，具有流行性和季节性。

目标市场：年龄介于18～35岁，充满自信和温情，有品位且对时装无比热爱的普通消费者。

服装品类：女款有短裤、外套、吊带背心和紧身连衣裤等款式可供选择，而男款则有马甲、修身外套和牛仔裤。

款式：精致、优雅，庄重大方。

材质：主要以牛仔面料为主，还有棉质、亚麻、毛呢等。

色彩：中性色、黑白单色、海军蓝、亮红色等。主要以中性色为主，色彩基本上处于一种有序发展的状态，没有跳跃式的变化。色谱构成较均衡，冷暖、深浅均以适度为特点，基本没有极端倾向。整体表现柔和，但不沉闷，即明度适当提高，但饱和度适中。由黄、蓝色构成的自然色系和充满感情色彩的红色系列更含蓄，追寻优雅、高级的感觉。

新产品设计

W’LEE品牌中的主打牛仔单品廓形以直线型为主要设计廓形，与地中海充满希望的色彩和建筑物刚柔兼并的线条相得益彰，地中海的风情清新怡人，浪漫迷人，自由无束，凉爽与惬意，是对牛仔时尚完美的诠释，无不为我们的品牌W’LEE注入神韵与灵气。

服饰简洁精致，合身剪裁的外形追究完美细节。搭配色彩抢眼，线条时而稳重，时而随意的明线，共同打造汇集怀旧情绪、都市时尚以及高雅风貌的现代潮流。总而言之，利用舒适且时尚的材质与搭配上的巧思，塑造动静皆宜的独特品位以及华丽怀旧的情绪。

第一主题：行者无疆

<table>
<tr><td>季节</td><td colspan="2">春夏</td><td>新潮品</td></tr>
<tr><td>风格主题</td><td colspan="3">行者无疆</td></tr>
<tr><td colspan="2">风格主题说明</td><td colspan="2">主要品类及其设计细节</td></tr>
<tr><td colspan="2">主要面料以牛仔布为主。牛仔向来给人以自信、成熟、稳重以及性感。本产品系列突显穿着者行者无疆，积极向上，迈向世界的精神风貌。以复古风格、高雅休闲与实用性三种风格为主轴，交织出风格独具的趋势</td><td colspan="2">色彩以银、黑、灰、蓝为主。强烈的分割线和明兜设计别具匠心
[上装] 鲜亮色彩、图案别致的棉质毛衫、针织休闲帽衫
[外套] 牛仔面料的夹克和中度长短的风衣
[裙装] 牛仔短裙、连衣裙
[裤装] 牛仔裤、斜纹布裤
细节如牛仔裤的黑色窝钉、银色车线及修身剪裁</td></tr>
<tr><td>服装材料</td><td colspan="2">颜色</td><td>廓形</td></tr>
<tr><td>时髦图案印花面料（棉布面料），色织格子布（棉或棉麻），硬挺而有光泽的休闲风格的面料（涂层、超细纤维），牛仔布、斜纹布</td><td colspan="2">色彩上，以沉稳保守的色系为主，偶尔混入一些亮眼的色彩，如黄色、天蓝、粉红、酒红、嫩绿等，展现青春气息，浅棕色系从米色、咖啡色到红褐色，银灰色、红色和葡萄紫色则作为强调色彩</td><td>流畅宽松的直线条</td></tr>
<tr><td colspan="4">行者无疆主题产品规划</td></tr>
<tr><td>品类</td><td colspan="2">单品</td><td>数量</td></tr>
<tr><td>牛仔裤</td><td colspan="2">窄管铅笔裤、高腰阔腿裤、迷你短裤</td><td>4</td></tr>
<tr><td>夹克</td><td colspan="2">西装领双排扣牛仔夹克、翻领小夹克</td><td>2</td></tr>
<tr><td>外套</td><td colspan="2">长款风衣外套、双排扣外套、棉质毛衫、针织休闲帽衫</td><td>4</td></tr>
</table>

第一主题：行者无疆　设计图			
作者	李秀叶　韦双威	款号	1-01

第一主题：行者无疆　设计图			
作者	李秀叶　韦双威	款号	1-02

第一主题：行者无疆　设计图			
作者	李秀叶　韦双威	款号	1-03

第一主题：行者无疆　设计图			
作者	李秀叶　韦双威	款号	1-04

第二主题：风之舞者

季节	春夏	新潮品
风格主题	风之舞者	

风格主题说明	主要品类及其设计细节
在紧张的现实生活中，人们追求浪漫、自由、个性的生活，喜欢无拘无束，喜欢轻松惬意的游玩，远离紧张与喧嚣。而风之舞者春夏系列所追求的就是个性、自由与动感，体现一种良好的生活态度	以重视廓形的简约设计为主 [衬衫类] 格子图案及各种薄质地的单色纯棉的衬衫 [上衣] 牛仔胸衣、鲜亮色图案别致的T恤、棉麻小外套、飘逸的雪纺衫 [下装] 牛仔裤、迷你短裙、铅笔单宁裤、阔腿裤

服装材料	颜色	廓形
牛仔布，时髦图案印花面料（棉布面料），花色衬衫布，雪纺、乔其纱	深蓝、猫眼绿、烟灰、卡其色等，深色与白色、淡绿、淡蓝紫等与浅色搭配组合	以直线型为主要设计廓型

风之舞者主题产品规划		
品类	单品	数量
牛仔	牛仔单宁裤、高腰短裤、休闲马裤	3
裙子	连衣裙、高腰褶裥牛仔裙、性感抹胸裙	3
马甲	吊带小坎肩、背带小马甲、西装领长款马甲	3
韩版衫	吊带衫、荷叶边衬衫、雪纺披肩、甜美格纹开衫	4

第二主题：风之舞者　设计图			
作者	李秀叶　韦双威	款号	2-01

第二主题：风之舞者　设计图			
作者	李秀叶　韦双威	款号	2-02

第二主题：风之舞者　设计图			
作者	李秀叶　韦双威	款号	2-03

第二主题：风之舞者　设计图			
作者	李秀叶　韦双威	款号	2-04

第三主题：地中海迷情

<table>
<tr><td>季节</td><td>春夏</td><td>新潮品</td></tr>
<tr><td>风格主题</td><td colspan="2">地中海迷情</td></tr>
<tr><td>风格主题说明</td><td colspan="2">主要品类及其设计细节</td></tr>
<tr><td>地中海式的浪漫风情汹涌而至，带来了凉爽与惬意，迷人的风情让人陶醉。牛仔原色像地中海所绽放的魅力一样，历久弥新</td><td colspan="2">以重视廓形的简约设计为主
[上衣] 衬衫式的一件套、休闲款的牛仔西装、马甲
[下装] 牛仔裤、迷你短裙</td></tr>
<tr><td>服装材料</td><td>颜色</td><td>廓形</td></tr>
<tr><td>牛仔布，花色衬衫布，柔软有光泽的休闲面料，时髦图案印花面料（棉布面料）</td><td>黑、灰、白、卡其色，偶尔穿插土耳其蓝、熏衣草紫、砖红等色彩，浑然天成的潇洒利落成为夏日清新魅力的完美示范</td><td>以直线形为主要设计廓形</td></tr>
<tr><td colspan="3">地中海迷情主题产品规划</td></tr>
<tr><td>品类</td><td>单品</td><td>数量</td></tr>
<tr><td>牛仔裤</td><td>高腰拉链装饰牛仔裤</td><td>1</td></tr>
<tr><td>裙子</td><td>雪纺裹胸裙、高腰茧形牛仔裙</td><td>2</td></tr>
<tr><td>韩版衫甲</td><td>手工刺绣裙摆式雪纺衫、
棉麻小开衫</td><td>2</td></tr>
</table>

第三主题：地中海迷情　设计图

作者	李秀叶　韦双威	款号	3-01

第三主题：地中海迷情　设计图

作者	李秀叶　韦双威	款号	3-02

第三主题：地中海迷情　设计图

作者	李秀叶　韦双威	款号	3-03

第三主题：地中海迷情　设计图

作者	李秀叶　韦双威	款号	3-04

二、基于拟定男装品牌THE ONE′S TIME的产品设计

陈熙龙、李建威、李玲玲设计

1.THE ONE′S TIME（一个人的时间）

THE ONE’S TIME （中文名：一个人的时间），男性在忙碌的生活中都有自己的空间，在那个空间可以做一个真正真实的自己！用它来设计男装主要是想表达男性独立与自由的一面。本品牌主要体现现代生活中的男性对时尚独立与自主的追求，全力打造生活中男性柔性化的一面。主打中性与混搭风格，简约的设计风格，贴身流畅、自由蓬松、柔性化的设计理念和中国风格的特色图案，勾勒出THE ONE’S TIME独有的柔性简约精致和唯美的时尚风格。THE ONE’S TIME主要心理年龄为18～30岁之间的年轻白领、都市上班族、时尚专业人士以及大学生。

①设计品位：独立与自由，个性与时尚的品牌男装。

②设计风格：新精致主义时尚中性混搭男装。以随性、艺术、商务、格调等设计元素为主题。做时尚界最具先锋力的品牌标杆。品牌投向色彩斑斓的怀抱，明亮而有阳光气息的色彩……

③品牌面料选择：棉、麻、针织品、毛皮、丝绸、纱和腈纶。

2.设计理念

以打造THE ONE’S TIME这个品牌开始，我们就认定，我们不是单纯的裁缝而是在设计生活。设计出让男性在自己的时间里独有的个性与品味。我们的设计理念都是在围绕“穿衣没有不可能——混淆性别、混淆时间、混淆地域……”在品牌的这个主题里进行。时间证明一切，有过多少泪水与欢笑，为我们的品牌渲染出一片新的天地。其实，服装和人一样也有它们的情感。在“THE ONE’S TIME”走出的每件衣服都灌注了我们品牌的精神，它们都代表了我们对服装的一种执著，代表我们的品牌的精神，最后直指我们品牌的主题。衣服的色彩是我们内心的反映。每一种颜色都可以说出不同情感。白色代表纯洁单

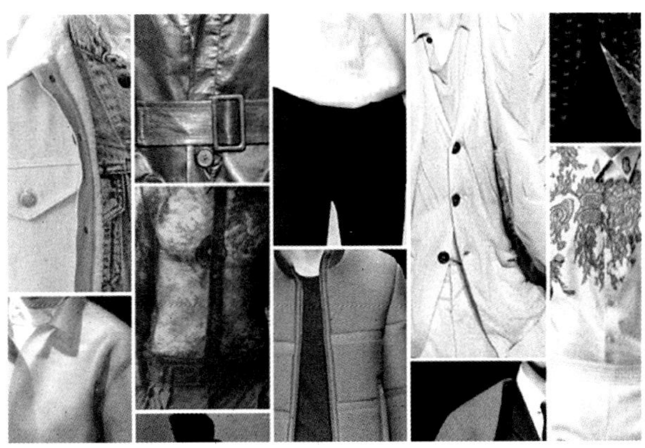

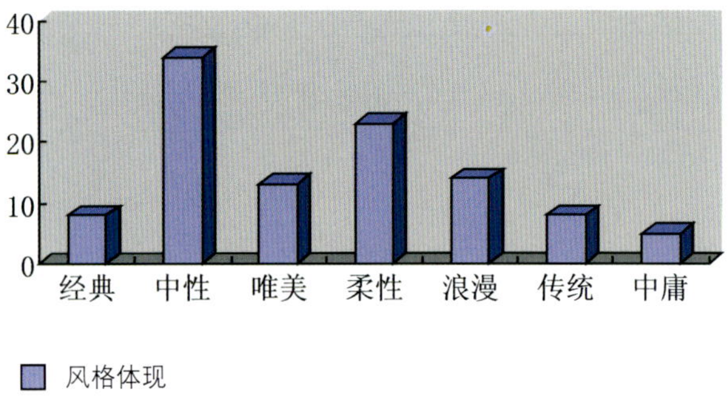

纯、黑色体现着稳重可靠，我们从不马虎，针线间完成我们的每道工序。我们把精神托付给了我们做的每一件服装，让它们像我们一样有了梦想，有了寄托。

①消费群

年龄介于18～35岁年轻白领、都市上班族、大学生以及专业时尚男士。随意简约的设计，双重个性、双面时尚，让自由独立的都市男性通过服饰表现特立独行的自我。

②服装品类

衬衣、T恤、休闲裤、夹克、风衣、毛衣、休闲鞋、皮具、帽子、袜子、背包、眼镜等服装和饰品。

③色系选择

色彩上比较冷调，从而将精致与简约融为一体。色彩斑斓的几何和条纹图案则是最受欢迎的亮色点缀的选择之一，多变而又不会流于低俗。

3.新产品设计方案

中国韵味——时尚青花瓷

时尚青花瓷：蓝色沉稳的特性，具有理智、准确的意象，带给男性的冷静中多了几分感性的情感。随着“青花瓷”的流行，青花本身也吸引了时尚界的目光，以一种势不可挡的姿态向时尚的人们袭来。加上它唯美的花纹印在男性服饰上，释放出一种男性的神韵，呈现出独有特色的中国韵味……

①主题款式特征

男性中性风格——别致有趣的细节

装饰纹样忽然间成了许多男性的挚爱，繁杂的装饰纹样中和了硬朗的夹克或者是粗犷的牛仔裤线条，让人们的眼光不自主地停留下来，刺绣、镂空纹样、钉珠等女性化等细节运用其中，新品设计运用青花瓷的古典华丽的图案与花纹，显得很有韵味。

男装注重于剪裁与面料，合体修身的剪裁体现了男性中性化风格，无论夹克、衬衫、T恤、长裤都以展示男性的完美身材为主，在华丽中透露怀旧，在随性中张扬个性……

本季节夹克、衬衫、裤子都以剪裁、图案和材质为设计重点，最新款式以拉链开襟衫、V领上衣和柔软的针织衫来彰显温柔的设计。

与系列的其他款式图案的装饰相互拼凑出青花瓷的古典与唯美的扣人心弦的感受，珐琅饰面金属、舒适柔和的面料缀以崭新的青花瓷刺绣及缀饰小品当上主角，显示出男性柔美与个性的一面。

②主题色彩：淡蓝色、黑蓝色、白色（蓝色是本季节主打的色彩）。

③主题面料：采用精致、舒适的棉料，通过面料的再造——绣上青花瓷的花纹和刺绣的精致手工，花样的编造和肌理的变化，给人一种华丽且自由舒适的感觉，棉与纤维的混纺面料，带给人一种时尚的自然舒适感觉，给人一种优雅的表现。面料的第二次改造，珠珠的装饰，演绎出男人柔性与个性的一面，营造出神秘感。

沉静的世界——时尚黑白灰

黑白灰永远是人们挚爱的色彩选择，挑战个性化越来越是时尚人们的追求。男装中性化颠覆传统的束缚。男装的色彩不一定是绚丽的面料才能够体现男性

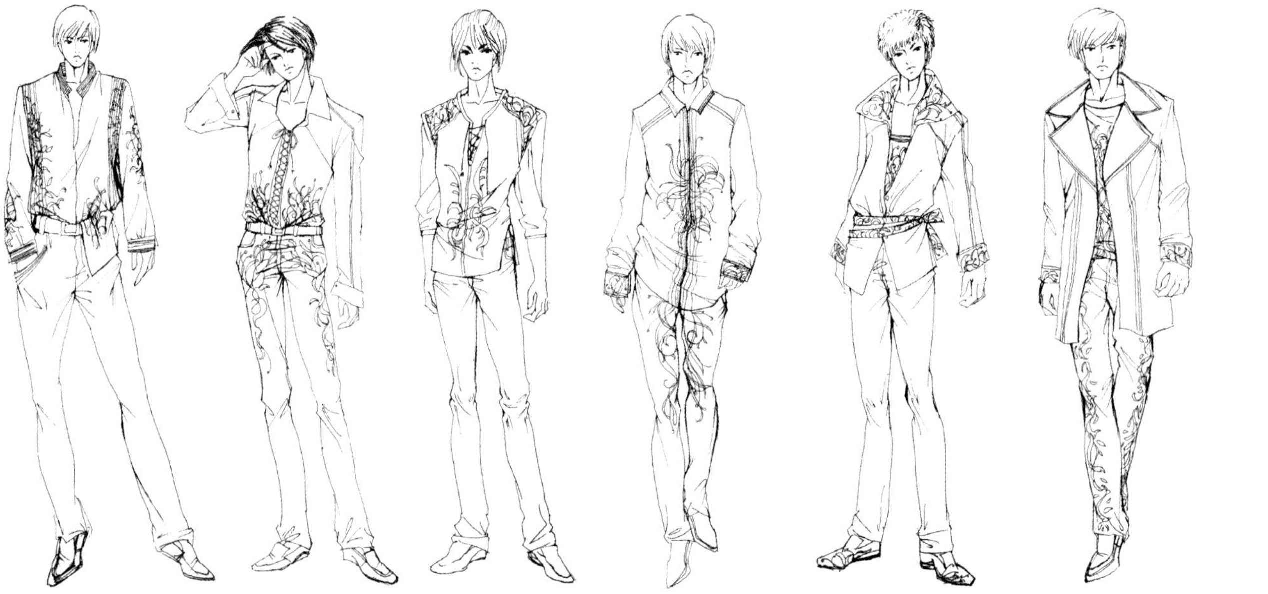

新产品设计　中国韵味——时尚青花瓷

新产品设计　沉静的世界——时尚黑白灰

的个性。黑白灰同样能表达服装的寓意。本季节的男装更讲究质感与配搭，绚烂印花、随性褶皱、修身剪裁等，在打破僵硬沉闷的男装传统的同时，也为穿着者打造出一番迷人的温柔气质。

经典的黑白灰、成熟的男人、优雅的绅士、轻柔的男子，是戏剧化的变化，还是……在这魅力的季节增添时尚的新鲜感。

①主题款式特征

黑白灰永远是设计界不变的主题，本主题选用细节与局部糖果色的装点，为简约的黑白灰添加几分新鲜的感觉，随性的褶皱衬衫搭配优质剪裁的外套和长裤，可以暂时告别正统领带，转而用细领带突出现代感，或是以一条褶皱围巾随意搭配在针织衫或西装、外套中，给人的清冷严肃形象注入新的活力。

②主题色彩：高雅、悲伤和与众不同的黑色，清纯、纯洁、神圣的白色，忧郁、神秘的灰色。

③主题面料：具有光泽感的丝绸除了助长奢靡之风，其柔软舒适的触感才是吸引人的关键。比如把卡其色军装外套的袖子突然转为发亮的缎面材质，面料运用上的大胆往往能起到颠覆性效果。此外，大量使用轻薄的亚麻质地也可将绷紧的神经适度放松。

三、基于女装“魅力坊”品牌的新产品设计

王晶晶设计

1.时尚休闲女装

魅力坊讲求个性化，追求自我风格是Selfhood（自我）、Optimism（乐观）、Modern（时尚）的完美组合；将休闲、时尚、现代融为一体，注重女性线条造型。魅力坊的产品独具个性，优雅且富有动感，表达与传递出一种奇特的、极具个性化品味。

模仿不是美，拼凑不是美。服装要忠于个性，要在生活、艺术、随性的领域里体现出魅力坊品味和个性化。在传统与创意、古典与现代、硬朗与柔情中寻求统一。为此，我们还将向国际流行的宽松、自然方向发展，以一种崇尚自然的心态来演绎时尚，以一种平和使然的色彩去闪耀生命。

①风格

时尚休闲中显现女人个性，注重品味和个性化的体现。

②服装品类

风衣、连衣裙、各种裤装、内衣、半职业套装、外套、T恤、饰品。

③目标消费群

为热爱生活、酷爱与众不同并将穿着视为个人性格和生活风格的表达的都市知识女性所专门打造的。

④材料构成

利用纯天然的棉、麻、丝、毛面料来演绎休闲、时尚与个性，配以针织雪纺压绉、精细的刺绣、印花、漂亮的蕾丝花边。

⑤色彩构成

推出了多种色系，经典的黑白灰系列，清新时尚的淡粉、淡绿和神秘端庄的紫。

⑥品牌系列

有“魅惑、夏日*香气、巫毒娃娃”三个系列。

a.魅惑系列目标消费群：年龄在25～40岁之间的都市知识女性。

b.夏日*香气系列目标消费群：12～25岁的少女。

c.巫毒娃娃系列目标消费群：3～11岁儿童。

2.2009 "魅力坊"推出三大主题服饰

香水百合、繁花似锦——波西米亚、反女权主义

主题名称	品类	单品	数量
香水百合	连衣裙 七分裤 外套	V领针织 长款女上衣	2
		无袖高腰 纯棉连衣裙	2
繁花似锦—— 波西米亚	连衣裙 牛仔裤 短裙 外套	宽松纯棉 连衣裙	2
		无袖渐变色 棉连衣裙	2
反女权主义	西装 西裤 马甲 夹克	立领男装 料西装	2
		翻驳领男装 料马甲	2

主题1：香水百合

香水百合具有百合女王的气势。它的甜甜香味，没有丝毫隐藏，它的所有一切，都是那么率真而直接，总是那么自信地开着。香水百合穿出自己的风格，在时尚与甜美中散发着独特的个性，让自己的形象拥有一种领域般的界限，在令人羡慕的同时又令人景仰。

①主题色彩：推出了神秘端庄的紫，少有人能用的美丽的颜色、永远不会退出舞台的颜色，骨子里的妩媚，一出场就是主角的颜色，有忧郁美的、古典的浪漫；经典的黑不是因为不合群而黑，而是因为一种自我爱恋、自我坚持而孤独的黑，一个静默而高傲的颜色，是想隐藏自我而又显得特别自我；高雅的淡金、淡银也是色彩中最受欢迎的贵族。

②主题款式特征：经典的铅笔裙端庄又不失性感，高雅的连衣裙体现女人古典的浪漫与品位，衬衣更是一种静默的高傲，端庄低调的美，永远的经典。

主题1：香水百合1–6款

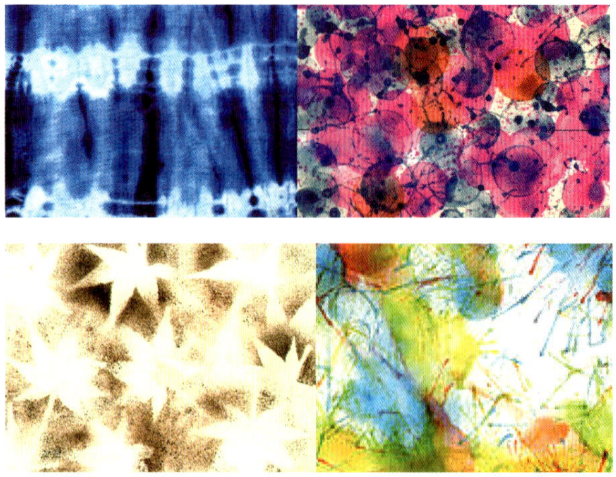

③主题面料：利用纯天然的棉、麻、丝尽情展示女性柔美婉约的风韵。

主题2：繁花似锦——波西米亚

以自由为基调，用个性来点缀，将缤纷与叛逆糅合到主流中，把没有规则当成有规则的个人化穿着，浪漫的用色，剪裁的繁复，裙摆摇曳出飘逸，它自由、豪放，包含适度的颓废文化，浪漫中透露出丝丝冷傲与忧郁。

①主题色彩：鲜艳色调，清新时尚的粉、绿是温柔的火苗，是散发着香氛的阳光，是明亮、健康的象征，自由洒脱、热情奔放、特立独行。

②主题款式特征：浓烈的色彩、繁复的设计，带给人强劲的视觉冲击和神秘气氛。款式宽松懒散、层叠飘逸，但整体追求大气，更具行动力的时尚风貌，把自我、不羁、颓废这些都市人心中一个可望而不可

主题2：繁花似锦1–6款

及的梦带到了现实。

③主题面料：运用了手工拼贴和刺绣装饰，呈现出复古典雅，鲜艳的手工装饰和粗犷厚重的面料引人眼球，各种丰富材质制造出飘逸轻盈的浪漫质感。利用纯天然的棉、麻、丝充满大自然的灵气和活力，代表着一种前所未有的浪漫化、民俗化、自由化。也代表一种艺术家气质、一种时尚潮流、一种反传统的生活模式。

主题3：反女权主义

多一份淡漠，少一点甜美，新的春夏需要你冷冷地将艳丽穿戴一新，淡定而又自信的女人，气质冷峻、外形中性、个性鲜明，男性化面料的运用平添出一份冷艳，同时埋藏着不可侵犯的性感。

①主题色彩：经典的黑白灰系列体现21世纪时尚女性典雅的气质，潇洒的风度，运筹帷幄的自信，性情中带着一丝冷傲的独立。

②主题款式特征：采用中性化的直线式裁剪，刚刚盖过臀线的长度使身体线条更加流畅、修长。一穿上优雅高腰阔脚裤套装，耐人寻味的中性魅力油然而生；休闲的短西装，修长的裤装、铅笔裙、马甲、铅笔裤，修长收身的皮草西服、皮手套精致的手工简洁明快的线条，修身合体的板型将女性在生活、艺术、随性的领域里体现品味和个性化。既不渲染优雅，也

主题3：反女权主义1–6款

不代表叛逆。淡定而又自信，由男士礼服的经典设计与女性的高雅柔美完美结合添入了许多复古又极简的元素，让中性的风格更显质感。

③主题面料：面料的运用上大量采用丝、缎、麻、棉与毛料等天然材质，搭配利落剪裁和中性色彩，呈现一种干净完美的形象。粗花呢、高档男性面料、含莱卡的裤料，男性面料的运用平添出一份冷艳，演绎休闲、时尚、个性，端庄又不失性感，多采用硬挺而有金属光泽感的面料。

[实训练习]

根据本章内容，进行下一季度新产品开发设计。

◎ 实训内容：

1.设计定位表达

(1)定出两个季节产品主题（文字描述）。

(2)主题色彩：主色调、辅色彩、系列色彩(色卡及文字描述)。

(3)款型特征：文字描述。

(4)面料特征：面料小样及文字描述。

(5)工艺特征：文字描述。

(6)其他特征：部件、装饰、配件等。

2.产品设计

每个主题按系列进行8套的款式设计。

◎ 设计评价：

1.设计与定位风格的一致性。

2.所设计的产品是否具有创新点。

3.产品设计是否具有成衣的特点，是否符合市场消费者的要求。

4.产品的设计是否具有生产的可行性，工艺技术是否能实现。

第六章　成衣设计实训手稿图例

第六章 成衣设计实训手稿图例

成衣设计手稿 李玲玲

成衣设计手稿　钟金妙

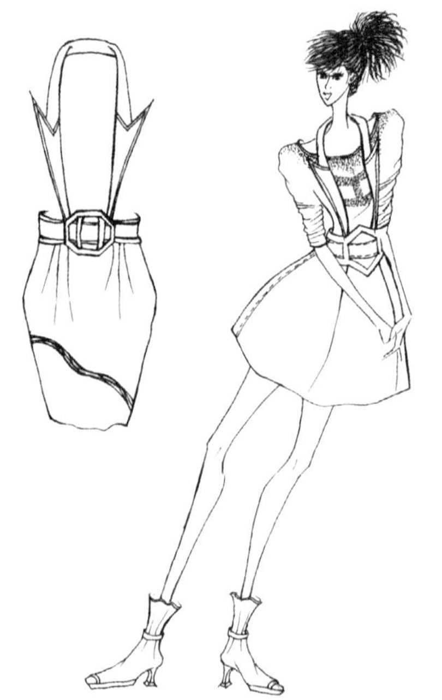

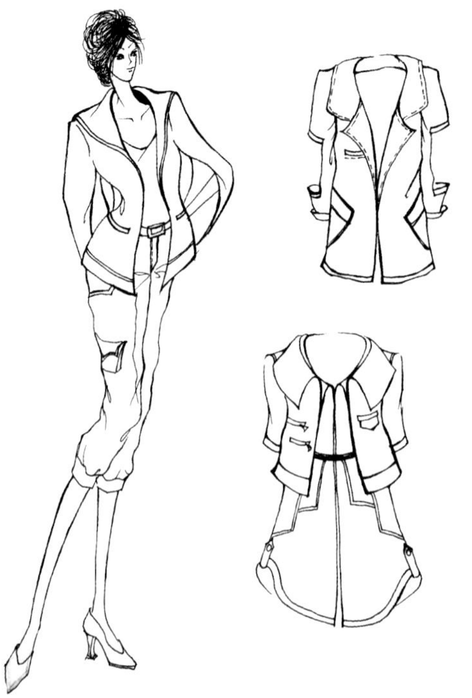

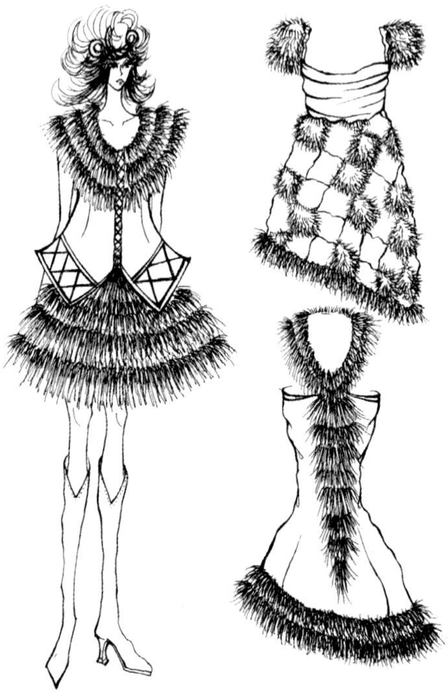

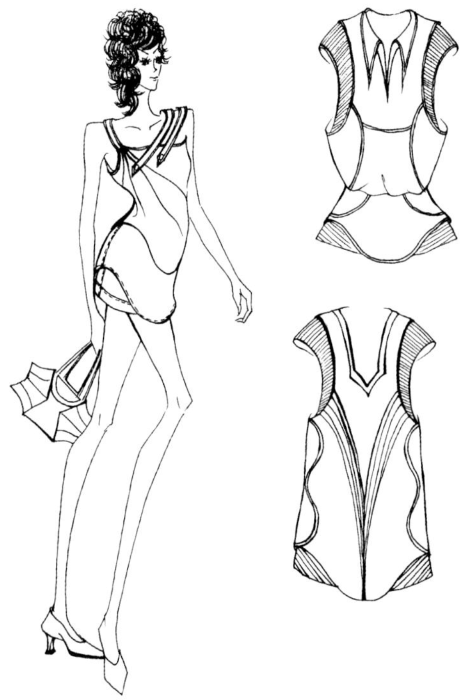

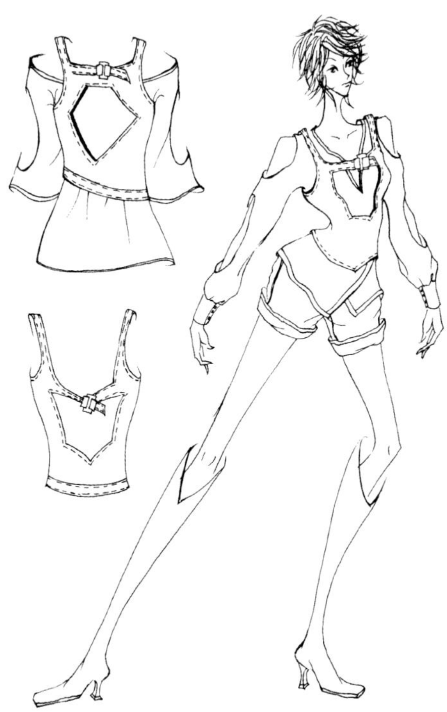

参考书目 >>

[1] 刘晓刚 崔玉梅 编著《基础服装设计》东华大学出版社，2003

[2] 刘晓刚 著《品牌服装设计》中国纺织大学出版社，2001

[3] 刘元风 胡月 主编《服装艺术设计》中国纺织出版社，2006

[4] 马大力 杨颐 陈金怡 编著《服装材料选用技术与务实》 化学工业出版社，2005

[5] 卞向阳 主编《国际服装名牌备忘录》东华大学出版社，2007

[6] 徐雯 编著《服饰图案》中国轻工业出版社，2001

[7] 吴波 编著《服装设计表达》清华大学出版社，2003